XUE KE XUE MEI LI DA TAN SUO

学科学魅力大探索

U0652660

科技历史跟踪

台运真 编著　丛书主编 周丽霞

农技:农苑总是新天地

汕头大学出版社

图书在版编目（CIP）数据

农技：农苑总是新天地 / 台运真编著. -- 汕头：
汕头大学出版社，2015.3（2020.1重印）
（学科学魅力大探索 / 周丽霞主编）
ISBN 978-7-5658-1719-9

Ⅰ. ①农… Ⅱ. ①台… Ⅲ. ①农业技术－青少年读物
Ⅳ. ①S-49

中国版本图书馆CIP数据核字(2015)第028143号

农技：农苑总是新天地　　　　NONGJI：NONGYUAN ZONGSHI XINTIANDI

编　　著：台运真
丛书主编：周丽霞
责任编辑：胡开祥
封面设计：大华文苑
责任技编：黄东生
出版发行：汕头大学出版社
　　　　　广东省汕头市大学路243号汕头大学校园内　邮政编码：515063
电　　话：0754-82904613
印　　刷：三河市燕春印务有限公司
开　　本：700mm×1000mm　1/16
印　　张：7
字　　数：50千字
版　　次：2015年3月第1版
印　　次：2020年1月第2次印刷
定　　价：29.80元
ISBN 978-7-5658-1719-9

前　言

　　科学是人类进步的第一推动力，而科学知识的学习则是实现这一推动的必由之路。在新的时代，社会的进步、科技的发展、人们生活水平的不断提高，为我们青少年的科学素质培养提供了新的契机。抓住这个契机，大力推广科学知识，传播科学精神，提高青少年的科学水平，是我们全社会的重要课题。

　　科学教育与学习，能够让广大青少年树立这样一个牢固的信念：科学总是在寻求、发现和了解世界的新现象，研究和掌握新规律，它是创造性的，它又是在不懈地追求真理，需要我们不断地努力探索。在未知的及已知的领域重新发现，才能创造崭新的天地，才能不断推进人类文明向前发展，才能从必然王国走向自由王国。

　　但是，我们生存世界的奥秘，几乎是无穷无尽，从太空到地球，从宇宙到海洋，真是无奇不有，怪事迭起，奥妙无穷，神秘莫测，许许多多的难解之谜简直不可思议，使我们对自己的生命现象和生存环境捉摸不透。破解这些谜团，有助于我们人类社会向更高层次不断迈进。

其实，宇宙世界的丰富多彩与无限魅力就在于那许许多多的难解之谜，使我们不得不密切关注和发出疑问。我们总是不断去认识它、探索它。虽然今天科学技术的发展日新月异，达到了很高程度，但对于那些奥秘还是难以圆满解答。尽管经过许许多多科学先驱不断奋斗，一个个奥秘不断解开，并推进了科学技术大发展，但随之又发现了许多新的奥秘，又不得不向新的问题发起挑战。

宇宙世界是无限的，科学探索也是无限的，我们只有不断拓展更加广阔的生存空间，破解更多奥秘现象，才能使之造福于我们人类，人类社会才能不断获得发展。

为了普及科学知识，激励广大青少年认识和探索宇宙世界的无穷奥妙，根据最新研究成果，特别编辑了这套《学科学魅力大探索》，主要包括真相研究、破译密码、科学成果、科技历史、地理发现等内容，具有很强系统性、科学性、可读性和新奇性。

本套作品知识全面、内容精炼、图文并茂，形象生动，能够培养我们的科学兴趣和爱好，达到普及科学知识的目的，具有很强的可读性、启发性和知识性，是我们广大青少年读者了解科技、增长知识、开阔视野、提高素质、激发探索和启迪智慧的良好科普读物。

目　录

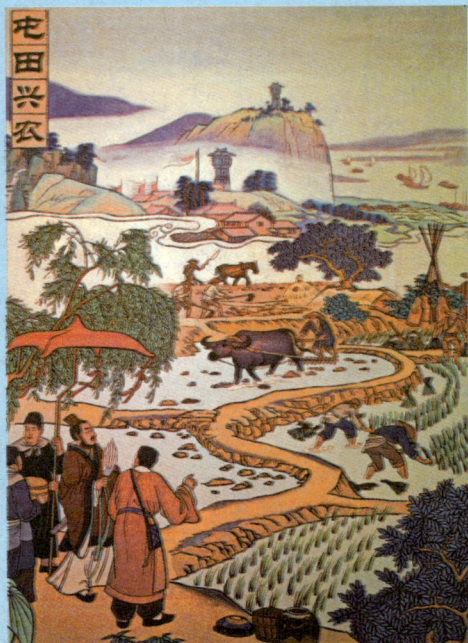

古代重要的粮食作物稻

稻是我国古代最重要的粮食作物之一。

我国是亚洲稻的原产地之一，其驯化和栽培的历史，至少已有7000年。

我国古代在稻的栽培技术方面有很多经验，如火耕水耨、轮作和套种等，成为世界栽培水稻的起源中心，并且推广至东亚近邻国家。

此外，先民对稻资源的利用处于世界先进行列。

在广西壮族自治区流传着许多关于稻作文明的民间传说故事。比如，水稻的品种开始的时候是像柚子那么大的，水涨以后，把它淹没了，稻神山阿婆把水稻种子拿回来，经过改良，种子才变得小颗，才是现在这个样子。

还有一种说法是，水稻一年割了好几次，人们太辛苦了，所以稻神就把它变成了只是一年两熟或者一年一熟。

这样的神话和传说故事，说明这里保留着远古的信息，都指向了稻作文明的发源。

水稻是我国的本土农作物。我国已发掘的新石器时期稻作遗存，分布广泛。其中最早的是湖南澧县彭头山遗址发掘的水稻遗存，属新石器时期早期文化，具体年代尚未确定。

其后是浙江罗家角的稻作遗存，距今已有7000多年，籼稻和粳稻并存。浙江余姚河姆渡遗址出土的大量碳化稻谷和农作工具，尤为引人注目。它们都是世界是最早的稻谷遗存之一。

黄河流域也发现了不少距今已有四五千年新石器时期的水稻遗存，如河南渑池仰韶文化遗址、河南淅川黄楝树村和山东栖霞杨家园遗址，充分说明黄河流域稻作栽培的历史也很悠久。

从史籍记载上看，"稻"字，最初见于金文。《诗经》中涉及稻的诗句不少，如"十月获稻"、"浸彼稻田"等，说明早在3000多年以前的商周时期，已经有不少稻的明确记载。

战国时的《礼记·内则》中有"陆稻"，《管子·地员》中亦有"陵稻"，二者都是旱稻。《礼记·月令》中还有"秫稻"的名称，是糯稻。

野生稻在我国境内也有广泛分布，这在很早以前的

古籍中就有记载。战国时的《山海经·海内经》记载了南方的野生稻。

后来查明普通野生稻是栽培稻的祖先，其分布在广东、广西、云南、台湾等省区都有分布。

夏商至秦汉在新石器时期，稻在南北均有种植，主要产区在南方。自夏商至秦汉期间，除南方种植更为普遍外，在北方也有一定的发展。并且，当时包括今广东、广西大部地区在内已有双季稻出现。

三国至隋唐期间，北方种稻继续发展。唐代时在黄河流域不少地方都种稻，同时在西北及东北地区也有初步发展。在西部的广大地区种稻也有相当规模。南方也有较多的发展。

宋元至明清时期，稻在南北方均有发展。宋太宗曾命何承矩为制置河北沿边屯田使，在今河北的雄、莫、霸等州筑堤堰工程，引水种稻。在今高阳以东至海长的大范围内全辟为稻田，后又扩大到河北南部和河南南阳等地区。

元代王祯《农书》记载，在包括后来的陕西省、河南省部分地区在内的"汉沔淮颍上率多创开荒地"，且"所撒稻种"之"所收常倍于熟田"。

《农桑辑要》还强调指出只要"涂泥所在"之处，"稻即可种"，而"不必拘以荆扬"等地。

明清时期，在北方也开辟不少稻田，清代还在应变畿地区设京东、京西等4局，大量辟田种稻，并在西北及山西等地扩大稻区。清代时新疆西藏也发展了种稻。

在南方，宋代时广西、海南岛多种稻，明清时在鄂、湘、赣、皖、苏、浙分布有双季连作稻。在浙、赣、湘、闽、川等地分布有双季间作稻，两广则多双季混作稻。在广东广西南部的一些地方还出现了三季稻。明清时期水稻栽培几乎已遍及全国各地。

古代在稻的栽培技术方面也有很多经验，最突出的有火耕水耨、轮作和套种、育秧技术、施肥技术、灌溉和烤田。

火耕水耨是古代一种耕种方法，即烧去杂草，灌水种稻。

在稻田轮作方面，有

我国至迟在9世纪以前已出现了稻麦轮作，宋代更为迅速发展。据记载，宋太宗时曾在江南、两浙、荆湖、岭南、福建等地推广种麦，促进了稻麦二熟制的发展。

南宋时因北方人大量南迁，需麦量激增。政府以稻田种麦不收租的政策，鼓励种麦，故稻麦轮作更为普遍。

明清时期发展更快，如稻后种豆，收豆种麦、双季稻后种麦或豆或蔬菜、双季稻后种甘薯或萝卜、双季甘薯后种稻等三熟轮作制已相继出现。有些三熟制形式还由两广福建逐渐向长江流域推进。

水稻育秧移栽技术，始见于汉代文献。《四民月令》五月条说："是月也，可别稻及蓝，尽至后二十日止"。"别稻"就是移栽，"至"就是夏至。

关于水稻施肥技术，古代基肥称为"垫底"，追肥叫作"接力"。明清时期对基肥和追肥的关系已有深刻的认识，重施基肥使苗易长，多分蘖，并能抗涝抗旱，积累了单季晚稻很好的施肥经验。

烤田是古代非常重视的问题，早在《齐民要术》中就指出"薅讫，决去水曝根令坚"。明代《菽园杂记》和清代《梭山农谱》等还指出冷水田要进行重烤。重烤冷水田，可促进稻苗生育。

我国是世界上水稻品种资源最丰富的国家。到了清代，《古

今图书集成》收载了16个省的水稻品种3400多个。后来保存有水稻品种资源约3万多份，它们是长期以来人们种植、选择的结果。

其中有适于酿酒的糯稻品种，特殊香味的香稻品种，特殊营养价值的紫糯和黑糯，特别适宜煮粥的品种，适于深水栽培不怕水淹的品种，茎秆强硬不易倒伏的品种。

糯米在古代作为主食、酿酒以外，还是重要的建筑原料，古人用糯米和石灰等筑城墙。此外，历代一些本草书中，还常据糯、粳、籼的食性寒热不同，以之入药，治疗某些疾病或调理脾胃功能。

延 伸 阅 读

"稻神祭"是广西壮族自治区隆安每年农历五月十三传统习俗，传承了几千年。

整个活动分为求雨、祭农具、招稻魂、驱田鬼、请稻神、稻神巡游6个内容。

稻神巡游赐福于民活动，是稻神祭一个重要的活动内容，也是民众最为期盼的一种祈福仪式。为求得稻神的赐福，在巡游当中，各家各户都在自家门前焚香点炮，恭迎稻神到来，场面热烈非凡。

稻神祭是古代先民在长期的农耕生产中，创造出来的稻作文化，是壮族先民勤劳与智慧的体现。

小麦的种植与田间管理

　　小麦是一种在世界各地广泛种植的禾本科植物，是我国古代以来重要的粮食作物之一，栽培历史已有4000多年。

　　我国小麦古时主要在北方种植，南宋时期北人南迁，南方开始发展种植。

　　到明代时，小麦的种植已经遍布全国，并且在长期的实践中总结出了小麦栽培的技术。

　　在古代周朝的时候，有个天子叫周穆王，他特别喜欢玩耍作乐和到处巡游。

　　当时中亚的大宛、安息等地都有麦的种植。《穆天子传》记述周穆王西游时，新疆、青海一带部落馈赠的食品中就有麦。

　　小麦起源于外高加索及其邻近地区。传入我国的时间较早，据考古发掘，新疆

孔雀河流域新石器时期遗址出土的碳化小麦，距今4000年以上。

云南省剑川海门口和安徽省亳县也发现了3000多年前的碳化小麦。说明殷周时期，小麦栽培已传播到云南和淮北平原。

甲骨文中有"来"和"麦"两字，是麦字的初文。《诗经》中"来"、"麦"并用，且有"来"、"牟"之分，一般认为"来"指小麦，"牟"指大麦。后来古籍多用"麦"字。以后随着大麦、燕麦等麦类作物的推广种植，为了便于区别，才专称"小麦"。

从考古发掘以及《诗经》所反映的情况看，春秋时期以前，小麦栽培主要分布于黄淮流域，春秋战国时期，栽培地区继续扩大，据《周礼·职方氏》记载，除黄淮流域外，已扩展到内蒙古南部。另据《越绝书》记载，春秋时的吴越也已种麦。

战国时发明的石磨在汉代得到推广，使小麦可以加工成面

粉，改善了小麦的食用方法，从而促进了小麦栽培的发展。

据《晋书·五行志》记载，晋大兴年间，吴郡、吴兴、东阳等地禾麦无收，造成饥荒，说明当时江浙一带，已有较大规模的小麦栽培。其后，北方人大量南迁，江南麦的需要量大增，更刺激了南方小麦生产的发展。

据《蛮书》记载，唐代云南各地也种小麦。宋代，南方的小麦生产发展更快，岭南地区也推广种麦。到明代小麦栽培几乎遍及全国，在粮食生产中的地位仅次于水稻而跃居全国第二，但其主要产地仍在北方。

在长期生产实践中，古代劳动人民总结出了小麦栽培技术，如轮作和间作套种、种子处理、整地及田间管理等。

在轮作方面，汉代北方已出现小麦和粟或豆的轮作形式，宋代则在长江流域普遍实行稻麦轮作。

明清时期，北方的小麦、豆类和粟及其他秋杂粮的两年三熟制有很大发展，而且在山东及陕西的少数地方也出现了稻、麦两熟。

山西朔县还出现了包括小麦在内的5年轮作制，南方的浙江、湖南和江西的一些地方还产生了小麦和稻及豆的一年三熟制。

在间作套种方法方面，明代的《农政全书》和清代的《齐民四术》都记载了松江等地在小麦田内套作棉花的棉麦二熟制。

　　另外，在《农政全书》及清代《补农书》、《救荒简易书》和不少地方志中，记载了在小麦田内间作蚕豆及套种大豆等。

　　明清时期的林粮间作也有发展。《农政全书》中有在杉苗行间冬种小麦的记载。清代《橡茧图说》也记载了在橡树行间冬种小麦的经验。

　　对于小麦的种子处理，《氾胜之书》中载有"以酢浆并蚕矢"在半夜"薄渍麦种"后，天明即行播种的方法。

　　明代《群芳谱》指出麦种以"棉籽油拌过，则无虫而耐旱"。《天工开物》也说"陕洛之间，忧虫蚀者，或以砒霜拌种子"。

　　清代《农蚕经》曾介绍了用信煮小米为毒饵，调油后拌小麦种子，可诱杀地下害虫的方法。同时还介绍了用干青鱼头粉、柏油、砒及芥子末拌小麦种子，可防治"蜚虫"即麦根椿象的经验。

　　在整地方面，北方自古以来重视保墒防旱。《氾胜之书》中强调早耕，因为耕得早有利蓄墒保墒和增进地力。

清代《农言著实》还指出先浅耕灭茬，后再耕地，随即耙耢，就能保墒，无雨也能播种。《农圃便览》则强调浅耕灭茬宜早，耕后必需耙细，才能保墒。

南方的稻麦两熟田，在整地方面则普遍重视排水防涝，开沟作垄以利排水。

适时播种是古代普遍重视的问题。早在《吕氏春秋·审时》篇中就分析了小麦播种适时及失时的利弊。《氾胜之书》强调要适时播种。

《四民月令》认为播种时间要根据土壤肥力的不同而有所差别，主张瘦田要早播，肥田则可迟播。

《齐民要术》明确将小麦的播种期分为上、中下三时，指出迟播的用种量要增加。因各种原因而不能适时播种时，古代也有很多补救措施。

明清时期的农书也有相关论述。明代《沈氏农书》就说因田太湿不能下种。清代《农蚕经》又指出：

> 早种者得雨即出，苗瘦者得雨即肥。隔秋分十数日，如不甚干即种之，不然愈待愈晚愈干，悔何及矣。

另外还有采用冬播和早春播种的。

古代普遍认为要多施基肥。元代《农桑衣食撮要》及明代《群芳谱》等都提出麦田内先种绿肥，耕翻后种麦易茂。种肥多用灰粪，也有用豆饼者。

古代也要求多次施追肥，还重视腊肥的施用，如《农政全书》说"腊月宜用灰粪盖之"，《齐民四术》也说"小麦粪于冬，大麦粪于春社"。

古代还有因科地土壤性质不同而施用不同肥料的经验。王祯《农书》指出"江南水地多冷，故用火粪，种麦种蔬尤佳"，火粪就是烧制土杂肥。

在灌溉方面，《氾胜之书》指出"秋旱，则以桑落时浇之"，既可抗旱，又能使麦苗耐寒而安全越冬。清代《三农纪》又指出在小麦孕穗时灌溉能够增

产。古代还注意在麦田保雪抗旱。

锄麦是古代麦田管理的重点。《氾胜之书》指出秋季锄麦后壅根。早春解冻，待麦返青后再锄，至榆树结荚时雨止后，候土背干燥又锄，能"收必倍"。

理沟是古代南方稻田种小麦的重要管理措施。南方麦田理沟，有利于排水、压草、抗倒伏，而且还有利于下季种稻。但理沟的时间宜早不宜迟。

古代一致认为小麦要及时收获而不能迟延。古语云"收麦如救火"，若少迟慢，一遇阴雨，即为灾伤。很多农书也都强调早获。

在贮藏方面，《氾胜之书》及《论衡·商虫》都提出要晒至

极干后贮藏。晋代《搜神记》还说麦子用灰同贮可防虫。

宋代《格物粗谈》还说用蚕沙与麦同贮可免蛀。清代《齐民四术》则强调，要对容器进行消毒杀菌后再贮麦。

延 伸 阅 读

小麦是外来作物中最成功的一种，受到了广泛的重视。我国历史上种植的作物不少，而像麦一样受到重视的不多。

先秦时期，在季春之月，天子就为小麦丰收向上苍祈祷，此等重视程度是其他作物所没有的。

汉时思想家董仲舒向汉武帝建议，在关中地区推广宿麦种植。朝廷还向没有麦种的贫民发放种子，并免收遭受灾害损失者的田租和所贷出去的种子等物。

正是由于历代朝廷的重视，小麦在我国得以成功推广，并极大地影响了我国古代作物种植格局。

在古代占重要地位的大豆

　　大豆，我国古称菽，是一种其种子含有丰富的蛋白质的豆科植物。大豆起源于我国，古代先民用大豆做各种豆制品，已经食用几千年了。

　　我国古代在驯化和种植大豆的过程中，形成了种植密度和整枝等各方面较为成熟的栽培技术。此外，在大豆的利用方面，先民也总结了丰富的经验。

　　刘安是汉高祖刘邦之孙，世爵为淮南王。刘安非常孝顺父母，其母喜吃黄豆，有一次他的母亲生了病，刘安把母亲平时爱吃的黄豆磨成粉，用水冲着喝，并为了调味放入了一些盐，结果就是出现了蛋

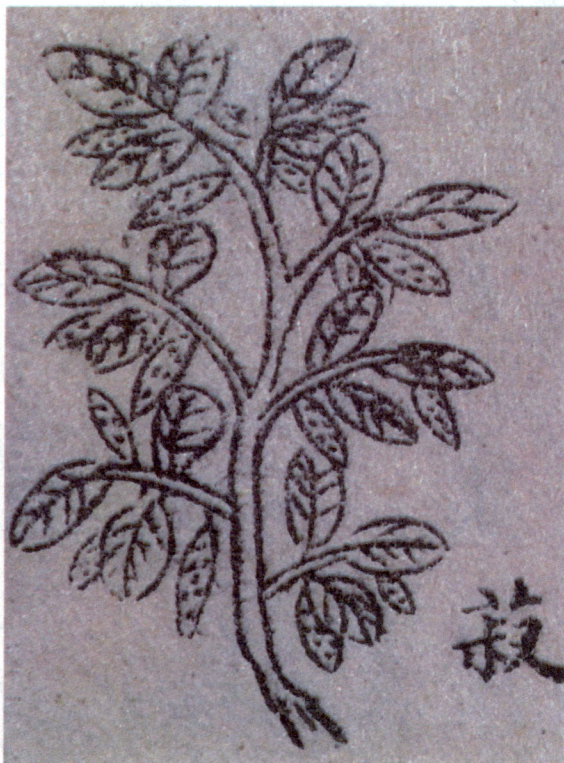

菽

白质凝集的现象。

刘安的母亲吃了很高兴，病也很快好了，于是盐卤点豆腐的技术便流传下来。

豆腐的制作技术在唐代传入日本，以后又相继传到东南亚以及世界其他一些国家和地区。

我国古代利用大豆做豆制品的技术是很成熟的，其实这源于先民们很早就同大豆打交道了。

大豆是古代重要的粮食和油料作物。我国是大豆的原产地，也是最早驯化和种植大豆的国家，栽培历史至少已有4000年。

大豆古称"菽"或"荏菽"，《史记·周本纪》中说：后稷幼年做游戏时"好种麻菽，麻菽美"。如果这些传说可信的话，则我国在原始社会末期已经栽培大豆了。

大豆因不易保存，考古发掘中发现较少。迄今已发现的有吉林省永吉县乌拉街出土的碳化大豆，经鉴定距今已有2600年左

右，为殷商时期的实物，是目前出土最早的大豆。

殷商至西周和春秋时期，大豆已成为重要的粮食作物，被列为"五谷"或"九谷"之一。战国时大豆的地位进一步上升，在不少古籍中已是菽、粟并列。《管子》还指出"菽粟不足"，就会导致"民必有饥饿之色"。

大豆在古代作为普通人的主粮，被称为"豆饭"，不像稻、粱那样被认为是细粮。而豆叶也供食，称为"藿羹"。如《战国策》就谈到韩国"民之所食，大抵豆饭藿羹"，反映了战国的饮食情况。

先秦以前大豆主要分布在黄河流域，长江流域的记载很少，《越绝书》曾提到越灭吴前的农产品价格，其中大豆的价格不如黍、稻、麦等，被称为"下物"，似乎反映了当时南方对大豆仍不太重视。

秦汉至唐代末期，大豆的种植有很大发展。《氾胜之书》积极提倡多种大豆，强调多种大豆的重要性。东北地区此时也有一定数量的种植。

南方也有一定的进展，如前汉文学家王褒的《僮约》中有"十月收豆"的农事项目，反映当时四川已有相当面积的栽培。

与此同时，东北地区的发展迅速，据《大金国志》记载，当时女真人日常生活中已"以豆为酱"。

清初由于大批移民迁入东北地区，促使大豆等作物更为发展。自康熙开海禁后，东北大豆使大批由海道南下，据清代《中衢一勺》记载"关东豆、麦每年至上海千余万石"。

乾隆年间还有对私运大豆出口要治罪的规定，可知清代前期东北地区已成为大豆的主要产区。

在大豆的栽培技术方面，古代先民除了注意整地、抢墒播种、精细管理、施肥灌溉、适时收获、晒干贮藏、选留良种等外，最突出的有轮作和间、混、套种，肥稀瘦密和整枝。

关于轮作和间、混、套种，在《战国策》和《僮约》中，已反映出战国时的韩国和汉初的四川很可能出现了大豆和冬麦的轮作。后汉时黄河流域已有麦收后即种大豆或粟的习惯。

从《齐民要术》记载中，可看到至迟在6世纪时的黄河中下游地区已有大豆和粟、麦、黍稷等较普遍的豆粮轮作制。陈旉《农

书》还总结了南方稻后种豆，有"熟土壤而肥沃之"的作用。

其后，大豆与其他作物的轮作更为普遍。如《山西农家俚言浅解》就谈到有"一年豌豆二年麦，三年糜黍不用说，四年荍谷黑豆芥，五年回头吃豆角"的农谚，这是山西朔县包括大豆在内的轮作制的经验。

大豆与其他作物的间、混、套种的历史也很早，《齐民要术》中有大豆和麻混种，以及和谷子混播作青荍饲料的记载。宋元间的《农桑衣食撮要》说桑间如种大豆等作物，可使"明年增叶二三分"。

明代《农政全书》说杉苗"空地之中仍要种豆，使之二物争长"，清代《橡茧图说》亦像橡树"空处之地，即兼种豆"，介绍的是林、豆间作的经验。

清代《农桑经》说，大豆和麻间作，有防治豆虫和使麻增产的作用。总之，大豆和其他作物的轮作或间、混、套种，以豆促粮，是我国古代用地和养地结合，保持和提高地力的宝贵经验。

关于肥稀瘦密。《四民月令》明确指出"种大小豆，美田欲稀，薄田欲稠"，这是正确的。

因为肥地稀些，可争取多分枝而增产；瘦地密些，可依靠较多植株保丰收。直到现在一般仍遵循这一"肥稀瘦密"的原则。

大豆的整枝至关重要。大豆在长期的栽培中，适应南北气候条件的差异，形成了无限结荚和有限结荚的两种生态型。

北方的生长季短，夏季日照长，宜于无限结荚的大豆；南方

的生长季长，夏季日照较北方短，适于有限结荚的大豆。

在文献上对此记载较迟，《三农纪》提到若秋季多雨，枝叶过于茂盛，容易徒长倒伏，就要"急刈其豆之嫩颠，掐其繁叶"，以保持通风透光。间接反映了四川什邡当地种植的无限结荚型的大豆。

古代对大豆的利用是多方面的。汉代以前，大豆作为食粮。

汉代开始用大豆制成食品的记载增多。《史记·货殖列传》已指出当时通都大邑中已有经营豆豉千石以上的商人，其富可"比千乘之家"，说明大豆制成的盐豉已是普遍的食品。

关于豆腐的明确记载，始见于陶谷的《清异录》。说其"洁

已勤民，肉味不给，日市豆腐数个，邑人呼豆腐为小宰羊。"

有关以大豆榨油的记载，始见于北宋《物类相感志》，说明至迟在北宋以前已能生产豆油。豆饼和豆渣也是重要的肥料和饲料。在《群芳谱》中说道"油之滓可粪地"和"腐之渣可喂猪"。清初豆饼已成为重要商品，清末已遍及全国，并有相当数量的豆饼出口。

延 伸 阅 读

我国古代有许多文人学士与豆腐结下了不解之缘。他们食豆腐、爱豆腐、歌颂豆腐，把豆腐举上了高雅的文学殿堂，留下了许多赞美豆腐的妙句佳篇。

如唐诗中广为流传的"旋干磨上流琼液，煮月铛中滚雪花。"宋代学者朱熹曾作《豆腐诗》："种豆豆苗稀，力竭心已苦。早知淮南术，安坐获泉布。"诗中描述了农夫种豆辛苦，如果早知道淮南王制作豆腐的技术的话，就可以坐着获利聚财了。

这些千古佳句，全都表达了诗人对豆腐的依恋与向往之情。

古代的蔬菜及其栽培技术

我国是世界上栽培蔬菜种类最多的国家，总数大约160多种。常见的蔬菜有100种左右，其中原产我国的和引入的各占一半。此外，我国栽培技术的精湛，以精耕细作著称于世。

上古时的菜蔬为今天人们所熟悉的是韭，而一些古代大名鼎鼎的菜蔬随着时代变迁，很多品种已退出蔬菜领域，成为野生植物，如荇、苕、苞之类。

汉元帝时期，有一个叫召信臣的少府卿官，曾经在京师长安附近的皇家苑囿上林苑的太官园中，于隆冬季节，在温室中种育出葱、韭、菜等作物。

召信臣的方法是，先修造一座环形房屋，上面覆盖着天棚，只能透光不透风，播下种。待开始出苗时，则在室内昼夜不停地生火，务使室内气温升高。

虽外面大雪飘飘，而室内春暖融融。不久终于培育出严冬季节十分罕见的时鲜蔬菜，为皇家所赞赏。

故事中召信臣的方法，可说是后来温室栽培的雏形。其实，我国蔬菜历代都有发展，品种逐渐丰富。汉代以前利用的蔬菜种类颇多，但属于栽培的蔬菜，当时只有韭、瓠、笋、蒲等我国原产的少数种类。

东汉时增加到20多种，以后又陆续增加，南北朝时达30余种。

其后至元末的数百年间，一直未超过40种。明、清两代增加较快，至清末，主要栽培蔬菜种类将近60种，其中既有高等植物，也有属于低等植物的食用菌类，还有丰富多彩的水生蔬菜。

古代在栽培蔬菜的过程中，各类蔬菜组成变化很大。栽培蔬菜种类一方面大有增加，另一方面也有不少曾作为蔬菜栽培的种类以后却退出了菜圃。

如古代用作香辛调味料的栽培蔬菜种类除葱蒜类和姜外，汉代栽培的还有紫苏、蓼和蘘荷，南北朝时又增加了兰香、马芹等；但

到了清代，除葱蒜类和姜外，其余各种在农书中已很少提及。

又如术、决明和牛膝，在唐代都曾作为蔬菜栽培，但不久就转为药用。

历代都有栽培的蔬菜，不同的历史时期，在栽培蔬菜中所占的比重也不尽相同。如葵和蔓菁是两种很古老的蔬菜，早在《诗经》中已见著录，汉代即颇受重视，南北朝时是主要的栽培菜种；到隋、唐以后却逐渐退居到次要地位，到了清代，仅在个别省区有栽培。

另外，两种古老蔬菜菘，即白菜和萝卜，虽在早期未受重视，南北朝时仍属次要蔬菜；但隋、唐以后，地位逐渐提高，到清代终于取代葵和蔓菁，成为家喻户晓的栽培蔬菜。

形成这种变化的原因是多方面的。首先，蔬菜的引种驯化和品种选育工作不断取得新成就，是最主要的原因。

一方面，我国原有的野生蔬菜资源陆续被驯化、栽培和利用。如食用菌类早在先秦时已被认识，一直是采集野生的供食用，到唐代有了人工培养。

　　白菜在南北朝时北方还很少栽培，以后经过不断选育改良，出现了乌塌菜、菜薹、大白菜等许多不同的品种和类型，因而栽培日盛。

　　另一方面，张骞通西域后从国外引进大大丰富了栽培蔬菜种类。其中有些种类引进后经长期精心培育，又形成了我国独特的类型。

　　如隋代时引进的莴苣，到元代已形成了茎用型莴苣；又如茄子在南北朝时栽培的只有圆茄，元代育成了长茄，后被日本引去。

　　其次，栽培技术不断改进。如结球甘蓝传入我国后长期未得推广，直到后来解决了栽培中经常出现的不结球问题，才发展成为仅次于白菜的重要蔬菜。

　　最后，社会需求的变化。如辣椒和番茄都在明代后期传入我国，辣椒因是优良的香辛调味料，适合消费需要，因而推广很快，清代中期已在许多地方作为蔬菜栽培；番茄却长期被视为观赏植物，直至近代了解了它的营养价值后才作为蔬菜栽培。

　　蔬菜是人们生活中的主要副食品，自古就有"谷不熟为饥，

"蔬不熟为馑"的说法。为了解决蔬菜的季节供应问题，历史上采取过以下一些行之有效的措施。

一是棚室栽培。早在汉代都城长安的宫廷中，已有"园种冬生葱蒜菜菇，覆以屋庑"的设施，以解决冬季蔬菜供应。

至明、清两代，温室育种花木蔬果的就更为普遍，品种增多，不仅有草本，而且还有木本，如铁梗海棠、栀子、山茶，还有最娇嫩的牡丹在冬天的温室中璨然开放，为人间大增春色。

二是分期分批播种。葵在古代是大众化的主要蔬菜，为了解决新鲜葵菜的常年供应，早在汉代就采取一年播种3次葵的做法。南北朝时期又发展为在不同的田块上分批种葵。

到了唐代，分期分批播种又有了新措施。如城郊菜圃中一地多收和种类多样化的方法进一步发展。

三是合理选择品种。为了解决蔬菜的夏季淡季问题，宋代已选种耐热的茄子以缓和夏菜供需矛盾。元代育成了萝卜比较耐热的品种。

明、清之际，更进一步致力于选育和引种适宜夏季栽培的蔬菜，从而逐步形成了以茄果瓜豆为主的夏菜结构。

四是改进贮藏方法。贮藏是解决冬季鲜菜供应的有效途径。古代贮藏鲜菜的方法是窖藏，汉代文献中已有有关记载。

南北朝时期，黄河中下游一带采用的是类似今日"死窖"的埋藏法。此后不断改进，明清时代已出现了所称"活窖"的菜窖。

集约生产是我国古代蔬菜生产的优良传统。南北朝时期就强调菜地要多耕。并且根据蔬菜一般生长期短，产品分批采收，而且柔嫩多汁的特点，逐渐形成了畦种水浇，基肥足，追肥勤的栽

培管理原则。

畦种法出现于春秋战国时期。北魏贾思勰的《齐民要术》已总结出畦种有便于浇水，可避免操作时人足践踏菜地，提高菜的产量等优点。实行间、套作，以提高复种指数，最先也是在蔬菜生产中发展起来的。

西汉时已有在甜瓜地中间作薤与小豆藿的做法。到南北朝时，不仅在一种蔬菜中间作或套作另一种蔬菜，而且还在大田作物中套作蔬菜；到清代，已有蔬菜与粮食作物以及经济作物的套作。

古代针对不同蔬菜的生物学特性而创造的栽培技术十分丰

富。如南北朝时适应甜瓜在侧蔓上结果的习性，采取高留前茬，使瓜蔓攀援在谷茬上，以多结瓜的特殊种瓜法。

到了清代，由于掌握了各种不同瓜类的结果习性，分别采用葫芦摘心而瓠子不摘心，甜瓜打顶而黄瓜不打顶的整蔓方法。

蔬菜的采种在古代很早即受到重视。《齐民要术》在叙述每种蔬菜的栽培法时，都一一说明其留种方法。如甜瓜应选留"瓜生数叶便结子"的"本母子瓜"，使种出的瓜果早熟；葵虽四季都可播种，但采种者必须在农历五月播种等。

古代蔬菜除本土培育的品种外，还有很多从国外传进来的品种。在每个朝代，从国外传进来的蔬菜品种各不相同。这些蔬菜品种丰富了人们的餐桌，改变了人们的口味，对生活有深远影响。

延 伸 阅 读

在人们的餐桌上，有胡瓜、胡桃、胡豆、胡椒、胡葱、胡蒜、胡萝卜等这些"胡姓"食物，除了"胡"系列果蔬；也有"番"系列的，比如番茄、番薯、番椒、番石榴、番木瓜；还有"洋"系列的，洋葱、洋姜、洋芋、洋白菜等。

农史学家认为："胡"系列大多为两汉两晋时期由西北陆路引入，比如张骞出使西域就带回许多西域果蔬；"番"系列大多为南宋至元明时期由"番舶"带入；"洋"系列则是大多由清代乃至近代引入世间美食珍馐。

最早的土壤改良技术

古代对土壤的改良，主要是建立在人们对土壤的充分认识上。

古代先民不仅认识到了植物对土地的依赖性，地力与作物生长的关系，而且认识到了土壤是可以改良的。

古代土壤改良主要针对盐碱地和冷浸田进行改良，并且在实践中因地制宜地创造了很多的方法，取得了很好的成效。

传说盘古开天辟地，用身躯造出日月星辰、山川草木。这时，有一位女神女娲，她放眼四望，总觉得有一种说不出的寂寞，当她看到自己的影子时，突然觉得心头的死结解开了：原来是世界上缺少一种像自己一样的生物。

想到这儿，女娲马上用手在池边挖了些泥土，和

上水，照着自己的影子捏了起来。

捏着捏着，就捏成了一个小小的东西，模样与女娲自己差不多，也有五官七窍，双手两脚，但性别却有些差别，有男有女。捏好后往地上一放，居然活了起来。

女娲一见，满心欢喜，接着又捏了许多。她把这些小东西叫作"人"。她造出的这些"人"是仿照神的模样造出来的，气概举动自然与别的生物不同，居然会叽叽喳喳讲起和女娲一样的话来。

他们在女娲身旁欢呼雀跃了一阵，慢慢走散了，去过他们自己的生活。

如果将女娲抟土造人看作人类对土壤的认知，应该也是完全可以的。因为女娲假如不知道土壤有这个特性，也就谈不上新的创造，而这一点恰恰契合了人类最初对土壤的认识和利用。

春秋以前，先人们已认识植物对土地的依赖性。《周易·离·象辞》中已有"百谷草木丽乎土"之说，不过当时对土的概念还非常模糊、笼统。

到春秋战国时，开始有了土和壤的概念。《周礼》的"土宜之法"中，已有"二土"和"二壤"的说法，明确将土和壤作了区分。

东汉时郑玄对土和壤的本质又作了说明，他在注《周礼》中说：万物自生自长的地方叫土，人们进行耕作栽培的地方叫壤。其实就是自然土壤和耕作土壤。这就是说，土是自然形成的，而壤则是通过人力加工的，这便是土和壤的本质区别所在。

对于地力与作物生长的关系，汉代也开始有了认识。《史记·乐书》中说："土敝则草木不长……气衰则生物不育。"后来，王充在《论衡》中进一步指出了地力高低与作物生长和产量的关系，他说道：

地力盛者草木畅茂，一亩之收，当中田五亩之分。苗田，人知出谷多者地力盛。

反映了当时已经认识到地力对提高产量的作用。

古代人们认识到土壤是可以改良的，不同的土壤只要采用不同的改良措施，是可以改良成功的。主要的改良土壤有盐碱地和冷浸田。

其中盐碱地改良包括

种稻洗盐、开沟排盐、淤灌压盐、绿肥治碱、种树治碱和深翻压碱。

种稻洗盐，这是一种很古老的治理盐碱地的方法。战国时，西门豹治邺，就已运用这种方法，并取得了"终古斥卤，生之稻粱"的成效。

明代万历时，保定巡抚汪应蛟，在葛沽、白塘盐碱地上开荒用的也是这种办法。据记载，当时"垦田五千余亩，其中十分之四是稻田，当年亩收四五石"，比原来"亩收不过一二斗"提高了几十倍。

清代康熙时，天津地方官曾引海河水围垦稻田十几万公顷，亩收三四石。水田漠漠，景象动人，被人称为"小江南"。

雍正时，清朝廷在宁河围垦，使这一地区"斥卤渐成膏腴"。咸丰时，科尔沁亲王僧格林沁在大沽、海口一带围垦，垦得稻田280余公顷，斥卤变成沃壤。

种稻洗盐一直为人们所重视，并且在改良盐碱土中取得过明显的成效。

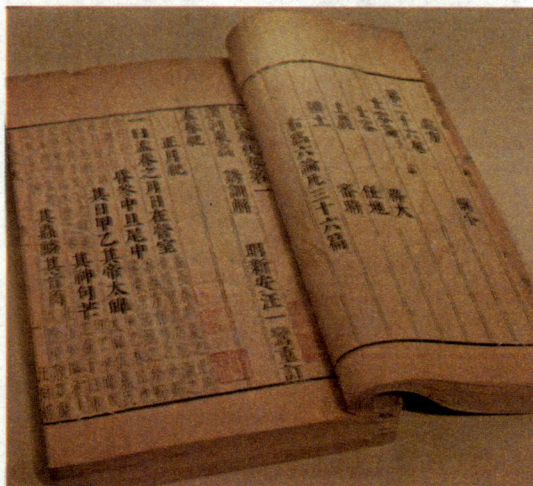

开沟排盐这一方法出现于战国，据《吕氏春秋·任地》中的记载，当时已将开沟排盐作为当时发展农业生产的十大问题之一。

开沟排盐措施比较简单，因而这一方法一直为

后世所沿用。清代《济阳县志》记载：

碱地四周犁深为沟，以泄积水，如不能四面尽犁，即就最低之一隅挑挖成沟，或将碱地多开沟弯为泄水之区，以卫承粮地亩，是以无用之抛荒，而为永远之利益矣。

这便是其中之一例。

淤灌压盐这一方法也出现于战国，当时的秦国在修建郑国渠时，就使用了这种方法，"用注填阏之水，溉泽卤之地"。结果关中变成了沃野，后被人们称为"天下陆海之地"。

在历史上规模最大的淤灌压盐，是宋神宗熙宁时期，地域遍及河南、河北、山西、陕西一带。宋朝政府还专门成立了淤田司来管理这项工作。并取得了巨大的成效，一方面改良了大片盐碱

地，另一方面又提高了产量。

熙宁淤灌，还留下不少技术经验：

一要掌握好淤灌季节，因为不同季节，水流含泥沙的成分和浓度不一样，不是任何时候淤灌都能收到改土的效果。淤灌一般都要抓住水流中含淤量最丰富的季节进行。

二要处理好淤灌同航行的矛盾，否则容易发生上游放淤，下游阻运的事故。

三要处理好淤灌同防洪的矛盾，淤灌一般都在汛期或涨水时期，这时流量大，水势强，如不注意，就会造成决口，泛滥成灾，危及生命财产的安全。可见放淤时，这个问题是一点也麻痹、疏忽不得的。

绿肥治碱是利用绿肥来提高盐碱地的有机质以防泛碱的一种方法。初见于《增订教稼书》，书中记载，在无水种稻的地方，可"先种苜蓿，岁薙其苗食之，四年后犁去其根，改种五谷、蔬果无不发矣。苜蓿能暖地也"。明清时期，不少地方已使用这种方法治理盐碱地。

种树治碱这一办法出现于清代，道光年间对种树治碱在树种选择、栽种技术、管理措施、排盐方法等方面都已积累了不少经验。

深翻压碱这是将地表的盐碱土翻压在地下的一种方法。这种技术也出现于清代，流行于山东、河南、河北、江苏一带。其治碱的效果是相当显著的。

至于冷浸田的改良，历史上一直对冷浸田的改良很注重。其具体办法是熏土增温和深耕冻垡，此外还有通过烤田和施用石灰等。

熏土增温这种方法出现于宋代。宋代李彦章《江南催耕课稻编》记载，在福州，其治理的方法是：

先于立春之十五日前，或十日前，将田中稻根残藁，划割务尽，田土晒干，于是始犁，每亩之土翻作二百余堆，乃用火化之法，每堆以一束干草重六七斤者，杂树叶禾藁及土烧之。

清代的《顺宁府志》记载，当地治冷浸田的办法是"农人治秧先堆犁块如窑塔状，中空之，插薪举火，土因以焦，引水沃之，爰加犁耙，土乃滑腻，气乃苏畅，方可布种，倘烧犁少不尽善而或失时，则秧未可问矣"。

深耕冻垡是对冬闲田，在秋冬应深耕，促进土壤疏松熟化，春季解冻后耕耙保墒，开沟筑畦。夏栽时选早熟作物的茬口抢栽。

烤田的办法治理冷浸田，在明《菽园杂记》中也

有记载：

　　新昌、嵊县有冷田，不宜早禾，夏至前后始插秧，秧已成科，更不用水，任烈日暴，土坼裂不恤也。至七月尽八月初得雨，则土苏烂而禾茂长，此时无雨，然后汲水灌之。若日暴未久，而得水太早，则稻科冷瘦，多不丛生。

　　施用石灰在清代《黔阳县志》有记载，黔阳当地"禾苗初耘时，撒灰于田，而后以足耘之，其苗之黄者，一夕而转深青之色，不然则薄收"。

　　此外，清代的《长宁县志》、《永州府志》和《兴宁县志》中，也有记载用石灰改良冷浸田的方法。

延 伸 阅 读

　　北宋时，黄河和滹沱河曾经有过大范围的放淤工程实践。放淤始于嘉祐，至熙宁达到高潮，前后20多年。王安石是熙宁放淤的倡导者。王安石在未出任宰相前对发展北方农业作了调查，然后开始进行大规模的放淤。此次放淤以首都开封汴河沿岸为起点，扩展到豫北、冀南、冀中以及晋西南、陕东等广大地区，持续时间大约10年，在治碱改土方面取得了较好成绩，从前"聚集游民，刮咸煮盐"的斥卤地，放淤当年即获丰收。

古代肥料积制与施用

　　培肥土壤提高地力，这一点在我国人们懂得施肥的初期已经认识到。施肥可以改土，可以提高地力，这是自战国至清代2000多年来的一贯认识。

　　古代先民不但积制了100多种肥料，而且在施肥方法上有许多创建，并且出现了河泥积制、饼肥发酵、烧土粪和沤肥等新的方法。

　　此外，施肥技术的精细化，不仅增强了地力，而且使农作物的养料更充足，从而提高了粮食产量，推动了社会经济的发展。

　　我国历来都十分重视积肥和施肥，并认为这是变废为宝，化无用为有用一个重要方法。

　　古代的肥料，主要来自家庭生活中的废弃物，农产品中人畜不能利用的部分，以及江河、阴沟中的

污泥等，这些本都是无用之物，但积之为肥，即成了庄稼之宝。

古代的肥料的种类特别多。战国时，已使用人粪尿、畜粪、杂草、草木灰等作肥料。

到秦汉时期，厩肥、蚕的排泄物、骨汁、豆萁、河泥等亦被利用为肥料，其中厩肥在这时特别发达。

魏晋南北朝时期，除了使用上述的肥料之外，又将旧墙土和栽培绿肥作为肥料。其中栽培绿肥作肥料，在肥料发展史上具有重要的意义，它为我国开辟了一个取之不尽、用之不竭的再生肥料来源。

明代是多熟种植飞速发展，复种指数空前提高的时期，对肥料的需要也大大增加，千方百计扩大肥源，增加肥料，成为这一时期发展农业生产的重要内容，肥料种类因此也不断增加。

据统计，明清时期，农作物施用的肥料有粪肥、饼肥、渣

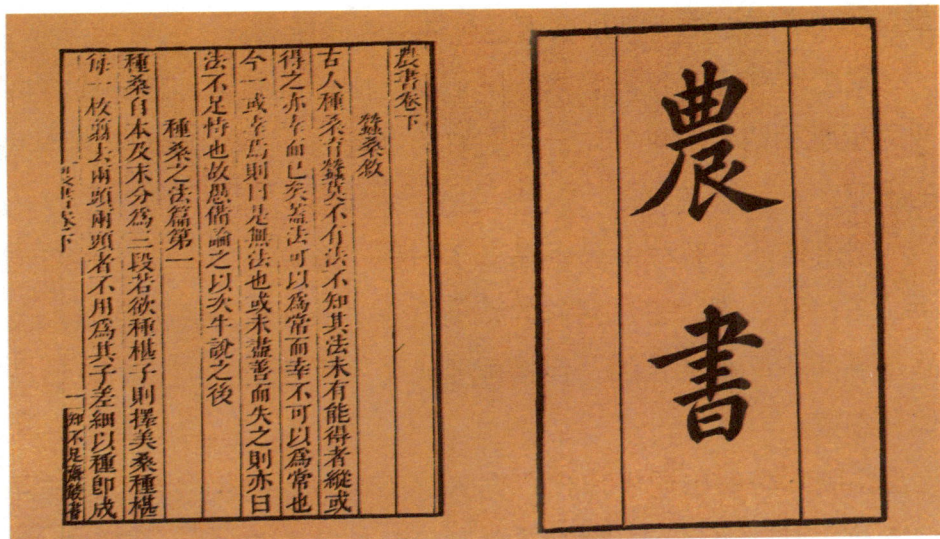

肥、骨肥、土肥、灰肥、绿肥、无机肥料、稿秸肥和杂肥11大类，总计约有130余种。

可见明清时期肥料种类的丰富。其中有机肥料占绝大多数，反映了我国古代以有机肥料为主，无机肥料为辅的肥料结构特点。

古代不但重视扩大肥源，同时也重视肥料的积制加工，以提高肥效。积制的肥料有杂肥、厩肥、饼肥、火粪，以及配制粪丹和重视对肥效的保存。

杂肥的沤制可以说是我国使用沤肥的滥觞。早在春秋战国时期，我国已利用夏季高温把田里的杂草沤烂作肥料。

宋代陈旉在《农书》中介绍了一种沤制肥料的办法，即将砻簸下来的谷壳以及腐稿败叶，积在池中，再收聚洗碗肥水和淘米泔水等进行沤渍，日子一久便腐烂成肥。

明代《沈氏农书》中介绍了另一种做沤肥的办法，就是将紫云英或蚕豆姆等用河泥拌匀进行堆积沤制，这种办法叫"窖花草"和"窖蚕豆姆"，现在南方称之为窖草塘泥。

厩肥堆制在《齐民要术》中记载有肥料堆制法，是一种将垫圈同积肥相结合的堆制法。当时称为踏粪法，而这实是我国最早的堆肥。

到清代，《教稼书》也提出了一种"造粪法"，详细介绍了牛、羊、马、骡、驴、猪粪的积制方法。原理和踏粪法相似，也是垫圈同积肥相结合的，但措施要比《齐民要术》记载的更加具体和细致。

饼肥发酵法出现于宋代，据陈旉《农书》记载：将渣饼用杵臼春碎，与熏土拌和，堆起来任其发酵等其发霉长出"鼠毛"即一种小单孢菌样的东西后，便摊开翻堆，内外调换。

这样堆翻三四次以后，饼渣不再发热，然后才可使用。这是一种预防饼肥直接施用造成烧苗的措施。

烧制火粪是宋元时代创造出来的一种积制肥方法。做法有两种：

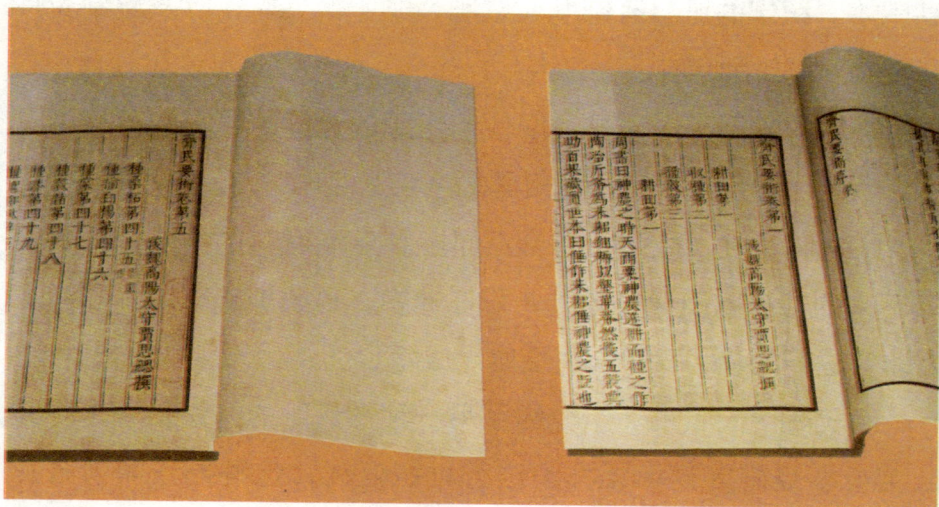

一是将"扫除之土，烧燃之灰，簸扬之糠秕，断稿落叶积而焚之"，和现在烧制焦泥灰的办法有点相似。

二是烧土粪，具体措施是"积土同草木推叠烧之，土热冷定，用碌碡碾细用之"，这和今日的熏土已完全相同了。

粪丹是一种高浓度的混合肥料，出现于明代，《徐光启手迹》中记录有当时粪丹的配制方法。

主要原料有人粪、畜粪、禽粪、麻饼、豆饼、黑豆、动物尸体及内脏、毛血等，外加无机肥料，如黑矾、砒信和硫磺，混合后放在土坑中封存起来，或是放在缸里密封后埋于地下，待腐熟以后，晾干敲碎待用。

据《徐光启手迹》记载，这种肥料"每一斗，可当大粪十石"，肥效极高。粪丹一般都作种肥用，它不但肥效高，而且还有防虫作用。这是我国炼制浓缩混合肥料的开端。

我国古代所使用的肥料，大多都是有机肥，这种肥料需要腐熟之后才可使用。这样既不会因有机肥发酵而烧坏庄稼，又可因有机物分解而提高肥效，所以历史上都十分重视对肥料的积制和加工。

清代《知本提纲》将古代肥料的积制方法总结成"酿造十法"，从这"酿造十法"之中，我们可以看到我国古代对肥料积制的重视，同时也可看到我国古代肥料和积制方法的繁多，如人粪、牲畜粪、草粪等的积制。

"酿造十法"既反映了我国古代千方百计开辟肥源，又千方百计提高肥效的情况。可以说，"酿造十法"是对我国古代的肥源及其积制方法的全面总结。

在战国时代已开始使用肥料。最早记载我国施肥技术的是西汉的《氾胜之书》，从书中的记载来看，当时的施肥技术已有基肥、追肥、种肥之分，只是当时未有这种专有名称而已。

古代先民重视施用基肥和讲究看苗施肥。基肥在古代称为"垫底"，追肥称为"接力"，在基肥和追肥的关系上，一直重视基肥。

　　古代施用的肥料，主要是农家杂肥，这种肥料分解的时间长，而且肥效慢，用作基肥，可以随着它的逐步分解而徐徐讨力，发挥肥效稳而长的作用，而追肥一般要求速效，农家肥则很难发挥这个作用。

　　明清时期，特别重视基肥的施用和施肥上的"三宜"，即时宜、地宜和物宜，从而形成了我国一套传统的施肥技术。

　　气候比较寒冷的北方，有机肥分解更慢，这大概是我国古代特别重视施用基肥的原因。

　　最能代表我国古代施肥技术水平的是，明清时期出现的稻田看苗施肥技术。这一技术首先出现于太湖地区的杭嘉湖平原。

　　据明末清初的《沈氏农书》记载：施肥要根据作物生长的发育阶段和营养状况来决定，也就是我们所说的看苗施肥。书中除提出单季晚稻施追肥，所要注意的两个原则外，并介绍了稻田施用追肥的具体方法。

合理施肥也是古代施肥技术中的一个基本措施。早在宋元时代，在施肥问题上我国已一再强调要"用粪得理"，也就是现代所说的合理施肥。

合理施肥是指肥料种类的选择是否适合土壤的性质，以及肥料的施用量、施用时间、施用方法是否适当等。

南宋陈旉在《农书》中指出施肥要因土而异，要看土施肥；元代王祯也强调合理施肥，强调施肥的量要适中，施用的肥料要腐熟。

古人总结的施肥时宜、土宜、物宜"三宜"原则和肥料积制的"酿造十法"一起，集中反映了清代在肥料积制和施用肥料的技术上已达到了相当高的水平。

延 伸 阅 读

在宋元时期，一些无机肥料如石灰、石膏、硫磺等也开始在农业生产上应用。

据我国农业遗产研究室编《我国古代农业科学技术史简编》的统计，宋元时期的肥料有粪肥6种、饼肥2种、泥土肥5种、灰肥3种、泥肥3种、绿肥5种，稿秸肥3种、渣肥2种、无机肥料5种、杂肥12种，共计约45种。

其中饼肥和无机肥的使用，是这一时期的新发展。不仅促进了农作物的生长、增收，也在我国古代无机肥利用过程中具有深远影响。

古代北方旱地耕作技术

我国北方指的是黄河中下游地区。古代北方旱地由于降雨较少，分布不均，经常有干旱威胁，这是旱地农业低产不稳产的重要原因之一。

抗旱耕作在发展北方旱地农业上占有重要地位。

古代先民在长期的抗旱耕作中积累了丰富的经验，并且创造了适合北方保墒防旱的耕作技术，如深耕、碎土、耙平及浅、深、浅的耕作法等。

神农氏是我国古代神话人物，是民间公认的农业之神。传说神农氏培育了"五谷"，并且教会了人们如何耕种，从而开启了我国农业的先河。

一天，一只周身通红的

鸟儿，衔着一棵五彩九穗谷，飞在天空，掠过神农氏的头顶时，九穗谷掉在地上。神农氏见了，拾起来埋在了土壤里，后来竟长成一片。

神农氏把谷穗在手里揉搓后放在嘴里，感到很好吃。于是他教人砍倒树木，割掉野草，用斧头、锄头、耒耜等生产工具，开垦土地，种起了谷子。

神农氏从这里得到启发：谷子可年年种植，源源不断，若能有更多的草木之实选为人用，多多种植，大家的吃饭问题不就解决了吗？

那时，五谷和杂草长在一起，草药和百花开在一起，哪些可以吃，哪些不可以吃，谁也分不清。神农氏就一样一样地尝，一样一样地试种，最后从中筛选出的稻、黍、稷、麦、菽五谷，所以后人尊他为"五谷爷"、"农皇爷"。

神农氏生于北方的姜水，姜水位于现在的陕西省宝鸡境内。他教民耕作的方法，是适应北方农业自然条件的方法。

北方地区年降雨量偏少，而且分布不匀，其主要特点是春季多风旱，雨量主要集中于夏秋之交。春季是播种长苗的重要季节，雨水的需要量特多。这样，防旱便成了北方地区进行农业生产的最突出的问题。

这个问题在战国时，已为人们认识到并在土壤耕作中采取了相应的措施。当时使用的"深耕疾耰"、"深耕耰粳"耕作技术便是我国最初的防旱措施。

耰有两方面的意义，作为农具讲，它是一种碎土的木榔头；作为耕作技术讲，它是耕后的一种耱田碎土作业。"疾耰"是耕后很快将土打碎，并且将土块打得细细的，其目的就是保墒防旱。

耱田碎土的耕作法，到汉代便发展为耕耱结合的耕作法。耱就是用无齿耙将土块耙碎，地面耙平。说明耕后耱地收墒的技

术，在西汉时已经产生。

到了魏晋时期，又形成了耕、耙、耱抗旱保墒的耕作技术。在嘉峪关的魏晋墓壁画中，已有耕、耙、耱的整个操作图像。

到北魏时期，贾思勰在《齐民要术》中又在理论上对它作了系统的说明。至此，我国北方旱地耕作技术体系便完全定型了。

这一体系的特点之一是，耕地的适期应以土壤的墒情为准。《齐民要术》说道，土壤中所含的水分适中。在水旱不调的情况下，要坚持"宁燥勿湿"的原则，否则即形成僵块，破坏耕作，造成跑墒，好几年都会受影响。

特点之二是，耕地深度应以不同时期而定。《齐民要术》记载："初耕欲深，转地欲浅"，因为"耕不深，地不熟，转不浅，动生土也"。

这是因为黄河流域秋季作物已经收获，深耕有利于接纳雨水和冬雪，也有利于冻融风化土壤，而春夏之季，正值黄河流域的

旱季，气温渐高，水分蒸发量也大，深耕动土，就会跑墒，影响播种。

特点之三是，强调耕后耙耢在抗旱保墒中的作用。《齐民要术》指出，耕后不劳，还不如不耕，让它白地晒着好。

可见到北魏时期，北方旱地耕作的技术体系，即通过耕、耙、耢以达到抗旱保墒的整套土壤耕作技术，已经完全形成。北魏以后，北方的耕作技术仍有发展，主要提倡多耙和细耙。

对于多耙和细耙，在金元时期的农书《韩氏直说》一书中，认识到多耙细耙具有保墒耐旱的作用，能够保证种子安全出苗，苗后能良好生长的作用，同时还有减少虫害和病害的作用。这是北方旱地土壤耕作技术进一步发展的标志之一。

浅、深、浅耕作法形成于清代。清代杨屾的《知本提纲》记载："初耕宜浅，破皮掩草，次耕渐深，见泥除根翻出湿土，犁净根茬"，"转耕勿动生土，频耖毋留纤草"。

清代学者郑世铎对此注解说：

转耕，返耕也。或地耕三次：初次浅，次耕深，三耕返而同于初耕；或地耕五次，初次浅，次耕渐深，三耕更深，四耕返而同于二耕，五耕返而同于初耕。故曰转耕。

这种耕作方式，在北魏时的《齐民要术》中已有记载，不过那时只是作为牛力不足，难以作为秋耕时的补救措施。到清代则正式列为耕作体系的基本环节之一。浅、深、浅耕作法在北方抗旱保墒中具有明显的防止雨水流失、蓄水保墒的作用。

延 伸 阅 读

明清时期，随着间套复种的大发展，北方旱地特别是以麦豆秋杂粮为主，轮作复种方式的两年三熟地区，通行以耕耙耱和留茬播结合为主要形式的合理轮耕制。

清代复种技术也因人多地少而获显著发展。在黄河流域，自乾隆时期以后，山东、河北及陕西的关中地区，普遍实行三年四熟或二年三熟制。东北等处则是一年一熟。北方传统的种植制度在清末基本定型。

古代南方水田耕作技术

我国南方是指秦岭、淮河以南的广大地区，这一地区主要以种植水稻为主。

古代南方的水稻种植，主要以育秧移栽的方式进行，土壤耕作要求大田平整、田土糊烂，以便插秧。这和北方旱地耕作有明显不同。

南方水田的耕作技术，逐步形成了水旱轮作，水耕与旱耕结合的技术体系，水田耕作形成耕耙耖三位于一体；旱作采用"开沟作沟"，整地排水的技术，提高了垄作与平作的耕作技术。

秦汉时期，我国南方还是一个地广人稀的地区，生产落后，多采用火耕水耨的粗放耕作技术。

火耕水耨，简单来说就是烧去杂草，灌水

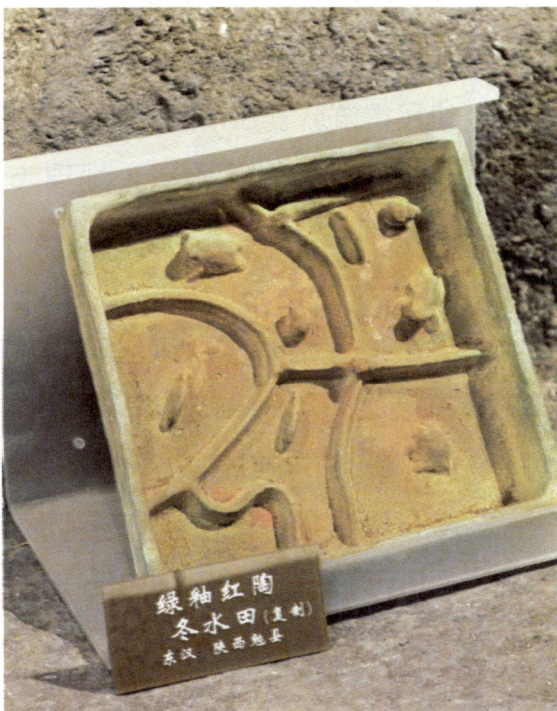

绿釉红陶
冬水田（复制）
东汉 陕西勉县

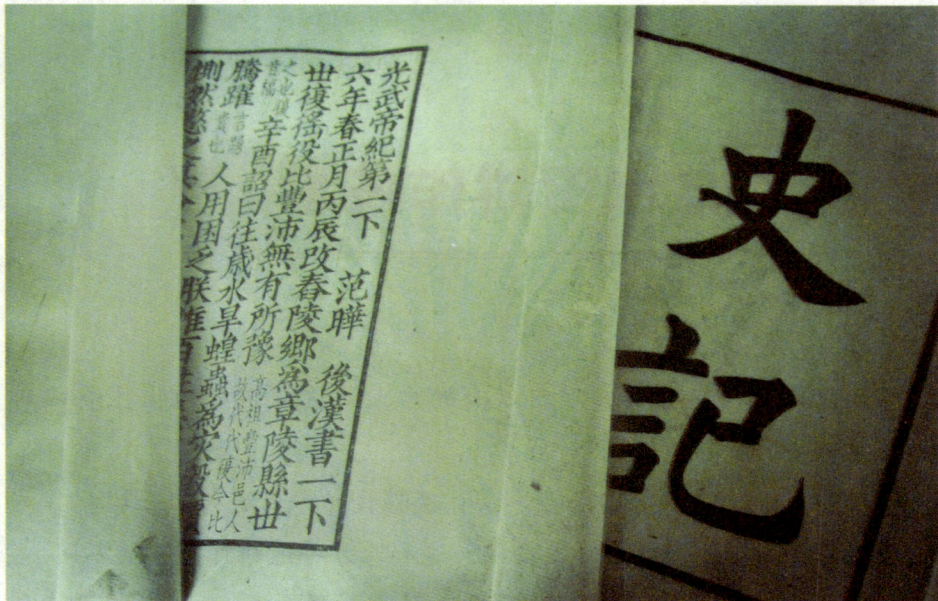

种稻。这在很多史籍中都有记载。

《平淮书》引汉武帝处置山东灾民诏令道："江南火耕水耨，令饥民得流就食江淮间。"

过了七八百年，《隋书·地理志》记载江南水田耕作方式时，仍然说是"江南之俗，火耕水耨，食鱼与稻，与渔猎为业"。

从上述记载来看，从汉至隋，言及江南耕作方式的《盐铁论·通有篇》、《汉书·武帝纪》、《汉书·地理志》以及诸多的六朝诗文中，都用"火耕水耨"来概括这一时期的南方水田耕作。

至唐初依然有人称江南"吴风浇竟，火耕水耨"。这种耕作方式，800年甚至更长的时期内一以贯之，未有任何变动。

古代先民烧荒，这是很普遍的，故无论种粟植稻，都要先烧草作为肥料。水稻又得"水耨"，除去杂草，沤于水中，既作肥料，又保证水稻生长。

江汉平原，古代农业历来先进，屈家岭、石家河文化遗址中，均有稻壳出土，可见楚人占据江汉平原后，以水稻为主的农业生产，进一步得到发展，耕作水平也逐步提高。

火耕烧田的作用，一般认为是除草和施肥。但是杂草大都以种子和根茎繁殖，种子秋季成熟后已落入土中，根茎也深埋于地下，烧田只能烧掉妨碍耕翻播种的枯草，并不能真正起到除草的作用。

烧田取肥是早期农业中增加耕地肥力的重要途径之一。六朝时期，南方地区已经较普遍地使用粪肥、厩肥，并能轮种苕草作绿肥，稻田施肥不再完全依赖烧取草木灰，但这并不排除施肥的可能性。

南方水田耕作技术的成熟阶段形成于唐代。唐代在"安史之乱"后，北方人口大量南移，并将北方的先进工具传到南方，这样便促进了南方耕作技术的发展，形成了耕、耙、耖相结合的水田作业。

耙由于在破碎土块，打混泥浆，平整田面方面的作用还不够理想，所以到宋代又加以改进，创造出耖。

耖为木制，圆柱脊，平排9个直列尖齿，两端1至2齿间，插木条系畜

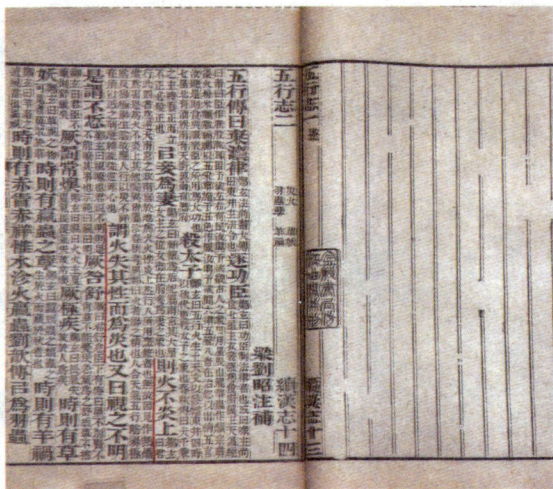

力挽用牛轭，二齿和三齿之间安横柄扶手，是用畜力挽行疏通田泥的农具。

耖更主要的作用在于把泥浆荡起混匀，再使其沉积成平软的泥层，以利于插秧的进行。用这种农具操作，在南宋时已成为水田耕作重要的一环，从此便形成了南方水田耕耙耖相结合的耕作技术体系。

宋元时期，南方稻田存在着两种不同的情况，一种是冬闲田，一种是冬作田。这两种田的耕作是不一样的。

冬闲田的耕作，大致有3种方法，即干耕晒垡、干耕冻垡和冻垡与晒垡相结合。

对于干耕晒垡，陈旉《农书》记载：

山川原隰多寒，经冬深耕，放水干涸，霜雪冻沍，土壤苏碎。当始春，又遍布朽薙腐草败叶，以烧治之，则土暖而苗易发作，寒泉虽冽，不能害也。

这种方法主要用于土性阴冷的地区或山区，借以利用晒垡和熏土来提高土温。

对于干耕冻垡，陈旉《农书》说，通过深耕泡水，沤烂残根败叶，可以消灭杂草和培肥田土。这种方法主要用于平川地区。

至于冻垡和晒垡相结合，王祯《农书》说道：

下田熟晚，十月收刈既毕，即乘天晴无水而耕之，节其水之浅

深，常令块拔半出水面，日暴雪冻，土乃酥碎，仲春土膏脉起，即再耕治。

这是通过既晒又冻，上晒下冻的办法来促进土壤的进一步熟化。

据元代王祯《农书》记载，开沟作瞬的方法是：田块四周修有田埂，田埂中间形成排水沟，利于排除田中积水和降低土壤含水量，从而利于小麦旱作。接着种水稻时，再平整田埂，蓄水深耕。

宋元时代创造的稻田耕作技术，至今在南方的土地耕作中，仍广泛使用，并成为当地夺取农业丰收的一个技术关键。

延 伸 阅 读

江南地区在历史上，实际上一直存在着两个土壤耕作系统，除了以犁、耙、耖为工具的畜力牵引耕作系统外，还有以铁搭为工具的人力耕作系统。

人们以铁搭代替耕牛耕地，以至于《沈氏农书》与《补农书》等史籍中很少有提到养牛的情况。只是到了近代这种趋势更趋严重。之所以如此，原因就在于人口压力所导致的土地零细化。

由于人均耕地面积减少且极为分散，因而单靠人力加简单的铁搭就足以胜任了，于是在这种情况下耕牛的使用也就变得没有必要。

古代农具发展与演变

农具是农民在从事农业生产过程中用来改变劳动对象的器具。我国古代农具具有就地取材，轻巧灵便，一具多用，适用性广等特点。

就农具的材料来看，古代农具的发展，大致有石器阶段的石斧、石铲、石镰、石磨盘，铜器阶段的锸、铲、钁、镰和铚，以及铁器阶段的耙和铫等。

铁农具的使用是农业生产上的一个重要转折点，铁质农具坚硬耐用，大大提高了生产效率，使大面积农田得以开垦，促进了农业的发展。传说，炎帝和大家一起围猎野猪，来到一片林地。林地里，凶猛的野猪正在拱土，长长的嘴巴伸进泥土，一撅一撅地把土拱起。一路拱过，留下一片被翻过的松土。

野猪拱土的情形，给炎帝留下很深的印象。能不能做一件工具，依照这

个方法翻松土地呢？

经过反复琢磨，炎帝在刺穴用的尖木棒下部横着绑上一段短木，先将尖木棒插在地上。再用脚踩在横木上加力，让木尖插入泥土，然后将木柄往身边扳，尖木随之将土块撬起。这样连续操作，便翻耕出一片松地。

这一改进，不仅深翻了土地，改善了地力，而且将种植由穴播变为条播，使谷物的产量大大增加。这种加上横木的工具，史籍上称之为"耒"。

在翻土过程中，炎帝发现弯曲的耒柄比直直的耒柄用起来更省力，于是他将"耒"的木柄用火烤成省力的弯度，成为曲柄，使劳动强度大大减轻。为了多翻土地，后来又将木"耒"的一个尖头改为两个，成为"双齿耒"。

经过不断改进，在松软土地上翻地的木耒，尖头又被做成扁形，成为板状刃，叫"木耜"。"木耜"的刃口在前，破土的阻力

大为减小，还可以连续推进。

木制板刃不耐磨，容易损坏。人们又逐步将木耜改成石质、骨质或陶质。

当时人们改造自然的能力很低，只能就地取材来制作工具。遍地皆是随手可得而且又相当坚硬的石块，这些便成了当时最理想的工具材料。

当时加工石器农具的方法是用打击法，即用石块碰击石块，使其出现一定的形状。加工成的工具，大致可分为砍砸器、刮削器、尖状器3类，在北京周口店发现的距今近70万年的北京猿人所使用的就是这种石器。

这种石器都出现于农业发明以前，人们将它称之为旧石器。这些工具制作都相当粗糙，但这是我们祖先制作工具改造自然的开端，在推动历史的前进中有其重要的地位。

大约到了距今约1万年时，先民们学会了磨制和钻孔技术，并将这些技术用于石器加工上，从而出现了一批外表光滑，有一定形状的工具。这种工具人们称之为新石器，以区别于以前的旧石器。

河南省新郑裴李岗遗址中，出土的距今约8000年的石斧、石铲、石镰、石磨盘等农业工具，都磨制得相当光滑，而且有明显的专用性。

在新石器时期，人们除了磨制石器以外，还使用木器、骨器、蚌器和陶器。在浙江省余姚河姆渡新石器遗址中出土的骨耜，就是一种典型的骨制挖土工具。只是当时使用的工具一般以石器为主，所以人们习惯将这一时期称之为新石器时期。

铜农具主要使用于商周时代。铜在新石器时期的晚期已经在我国出现，但人们有意识地将红铜和锡按一定比例冶炼成青铜则是在夏代。将青铜制成农具使用，则是在商、周时期。

在商周时代的遗址中发现的青铜农具已有锸、铲、钁、镰和铚等多种，在郑州和安阳的商代遗址中还发现有钁范。

《诗经·周颂·臣工》中还有"庤乃钱，镈奄观铚艾"的诗句。诗中的钱、镈是中耕农具，铚是收割农具，字都从金，表示这些农具都是用青铜制造的，这是我国有关金属农具最早的文字记载。

青铜农具的出现，是我国农具材料上的一次重大的突破，从此金属农具开始了代替木石农具。

青铜农具比石、木、骨、蚌农具锋利轻巧，硬度也高，在提高劳动效率，推进农业生产的发展方面，具有重要的作用。因此，青铜农具的出现和使用，是商周时期农具明显进步的重要标志。

商周时期，青铜被人们视为珍品，奴隶主主要用来做食器、

兵器和礼器，而不愿用它来制造消耗量很大的农具。此外，由于铜的来源有限，以及青铜制作比较困难等，也决定了青铜不能完全代替石器而一统天下。

铁农具的运用是封建社会的主要特点，最早出现在春秋战国时代，也就是我国由奴隶社会向封建社会转变的时期。

《国语·齐语》中记载，管仲曾对齐桓公说："美金以铸剑戟，试诸狗马，恶金以铸锄、夷、斤、劚，试诸壤土。"文中的"美金"是指青铜，当时用以制武器；恶金是指铁，用以制斤、斧等农具，说明至少在春秋中期，齐国已使用铁农具。

到战国时铁农具的使用已相当普遍。《管子·海王》说："耕者必有一耒、一耜、一铫，若其事立。"反映了铁农具已为农户所必备。

据考古发掘，在今河北、河南、陕西、山西、内蒙古、辽宁、山东、四川、云南、湖北、湖南、安徽、江苏、浙江、广东、广西、天津等省市，都有战国时期的铁农具出土，这就说明了铁农具至战国时期已日趋普及。到汉代时，铁农具已成为我国主要的农业生产工具并大加推广。

　　铁器的使用，使大规模地扩大耕地面积，开发山林，兴建水利工程成为可能，从而促进了耕作技术的提高和农业生产的发展。

　　从这以后，2000多年来，铁制农具便一直成为我国最主要的农具。

延　伸　阅　读

　　我国古代农用动力的种类除了人力这种最早使用的自然动力外，还用到牛、马、风力等自然力。

　　春秋战国时期，畜力开始被用到农业生产上的是牛。当时将宗庙中作牺牲用的牛用以田间耕作了。

　　马作为农耕畜力主要始于汉代，在《盐铁论》有记载："农夫以马耕载"，马"行则就扼，止则就犁"，这就是使用马耕的证明。

　　风力在农业上的运用始见于元代，当时有灌溉用的风车和加工粮食的风磨，以后风车有了发展，成了农业灌溉中的主要动力。

汉唐以来创制的耕犁

汉唐时期都曾出现一些太平盛世景象，为经济的发展提供了良好的社会环境。汉唐两朝都十分重视生产工具的改革，出现了很多具有划时代意义的农具。

汉代犁具得到发展，赵过发明了三脚耧车和耦犁；唐代制成曲辕犁。唐代曲辕犁影响了宋元以后耕犁的形式。

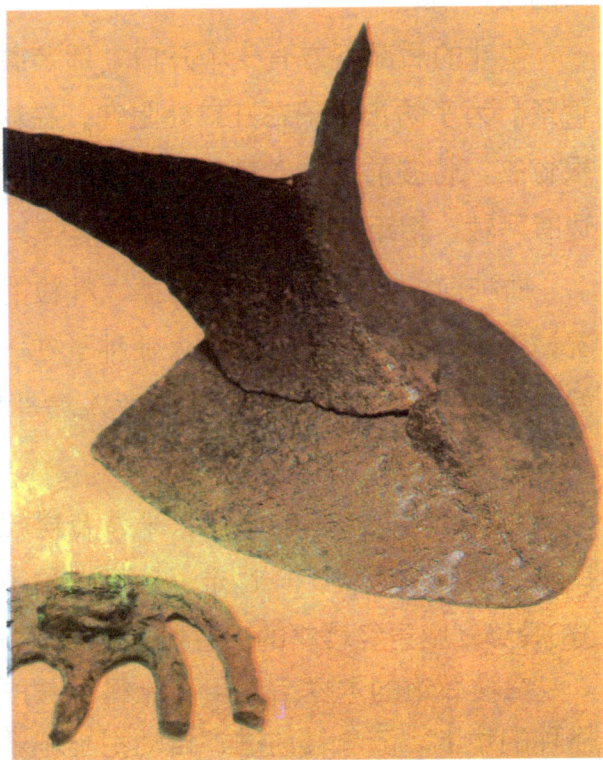

赵过是汉武帝时的农学家。他总结劳动人民经验并吸收前代播种工具的长处，发明了三脚耧车，大大提高了播种效率。汉武帝曾经下令在全国范围里推广这种先进的播种机。

汉代三脚耧，它

的构造是这样的：下面3个小的铁铧是开沟用的，叫做耧脚，后部中间是空的，两脚之间的距离是一垅。

3根木制的中空的耧腿，下端嵌入耧铧的銎里，上端和籽粒槽相通。籽粒槽下部前面由一个长方形的开口和前面的耧斗相通。

耧斗的后部下方有一个开口，活装着一块闸板，用一个楔子管紧。为了防止种子在开口处阻塞，在耧柄的一个支柱上悬挂一根竹签，竹签前端伸入耧斗下部系牢，中间缚上一块铁块。耧两边有两辕，相距可容一牛。后面有耧柄。

播种前，要根据种子的种类、籽粒的大小、土壤的干湿等情况，调节好耧斗开口的闸板，使种子在一定的时间流出的多少刚好合适。然后把要播种的种子放入耧斗里，用牛拉着，一人牵牛，一人扶耧。

扶耧人控制耧柄的高低，来调节耧脚入土的深浅，同时也就调整了播种的深浅，一边走一边摇，种子自动地从耧斗中流出，分3股经耧腿再经耧铧的下方播入土壤。

在耧后边的木框上，用两股绳子悬挂一根方形木棒，横放在播种的垅上，随着耧前进，自动把土耙平，把种子覆盖在土下，这样一次就把开沟、下种、覆盖的任务完成了。再另外用砘子压实，使种子和土紧密地附在一起，发芽生长。

后来最新式的播种机的全部功能也不过把开沟、下种、覆盖、压实4道工序接连完成，而我国2000多年前的三脚耧，早已把前3道工序连在一起，由同一机械来完成。在当时能够创造出这样先进的播种机，确实是一项很重大的成就。这是我国古代在农业机械方面的重大发明之一。

赵过还在推行代田法的同时，发明了二牛耦耕的耦犁。就是由二牛合犋牵引、3人操作的一种耕犁。

其操作方法是一人牵牛，一人掌犁辕，以调节耕地的深浅，一人扶犁。这种犁犁铧较大，增加了犁壁，深耕和翻土、培垄一次进行，可以耕出代田法所要求的深一尺、宽一尺的犁沟。

2牛3人进行耕作，在一个耕作季节可管三十多公顷田的翻耕任务。耕作速度快，不至耽误农时。此后，耦犁构造有所改进，出现了活动式犁箭以控制犁地深浅，不再需人掌辕。

驶牛技术的娴熟，又可不再需人牵牛。耦犁对汉武帝朝农业生产的发展无疑起了促进作用。

汉代耕犁已基本定形，但汉代的犁是长直辕犁，耕地时回头转弯不够灵活，起土费力，效率不很高。

北魏贾思勰的《齐民要术》中提到长曲辕犁和"蔚犁"，但因记载不详，只能推测为短辕犁。直到唐代出现了长曲辕犁，才克服了汉犁的弊端。

唐代曲辕犁又称江东犁。它最早出现于唐代后期的东江地区，它的出现是我国耕作农具成熟的标志。

唐代末年著名文学家陆龟蒙《耒耜经》记载，曲辕犁由11个部件组成，即犁铧、犁壁、犁底、压镵、策额、犁箭、犁辕、犁

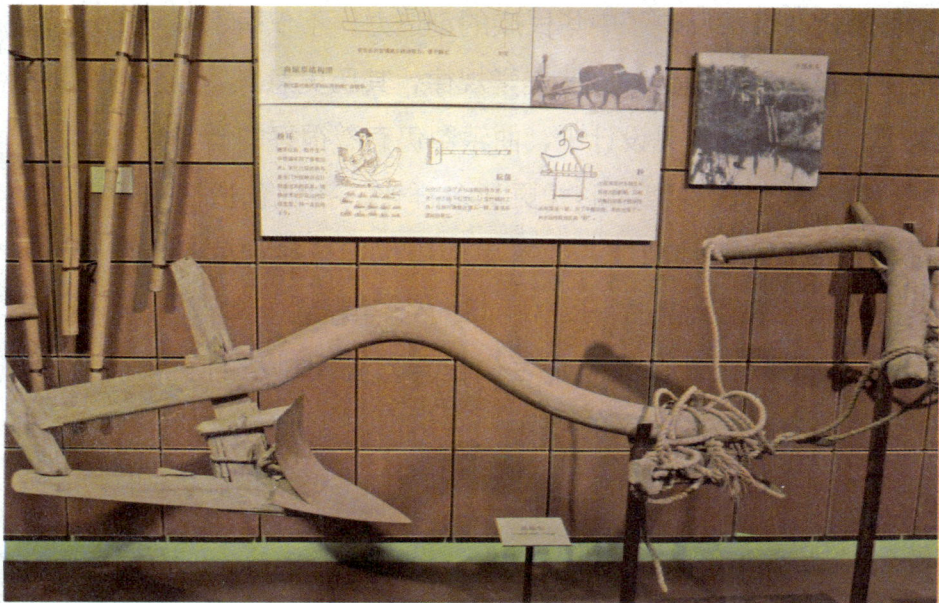

梢、犁评、犁建和犁盘。

这些部件都各有特殊的功能和合理的形式。犁壁在犁镵之上，它们是成一个曲面的复合装置，用来起土翻土的。犁底和压镵把犁头紧紧地固定下来，增强犁的稳定性。策额是捍卫犁壁的。

犁箭和犁评是调节犁地深浅的装置，通过调整犁评和犁箭，使犁辕和犁床之间的夹角张大或缩小，这样就使犁头深入或浅出。犁梢掌握耕地的宽窄。犁辕是短辕曲辕，辕头又有可以转动的犁盘，牲畜是用套耕索来挽犁的。

整个耕犁是相当完备、相当先进的，也很轻巧，耕地的时候回头转弯都很灵便，而且入土深浅容易控制，起土省力，效率比较高。

唐代曲辕犁不仅有精巧的设计，并且还符合一定的美学规律，有一定的审美价值。

唐代曲辕犁反映了中华民族的创造力，不仅有着精巧的设计，精湛的技术，还蕴含着一些美学规律，其历史意义、社会意义影响深远。在现在的农具设计中，曲辕犁仍有着很好的借鉴意义。

宋元以后，耕犁的形式更加多样化，各地创造了很多新式的耕犁。南方水田用犁镵，北方旱地用犁铧，耕种草莽用犁镑，开垦芦苇蒿莱等荒地用犁刀，耕种海边地用耧锄。

根据史料记载，在整个古代社会，我国耕犁的发展水平一直处于世界农业技术发展的前列。

延 伸 阅 读

我国大约自商代起已使用耕牛拉犁，木身石铧。战国时期，又在木犁铧上套上了"V"字形铁刃，俗称铁口犁。犁架变小，轻便灵活，更可以调节深浅，大大提高了耕作效率。

这两项技术都早于欧洲。前者，欧洲农夫在公元前500年造出了铁犁，犁前有两个轮子和一个犁刃，即犁铧；后者，欧洲人于1700年开始用罗瑟兰犁、兰塞姆金铁犁和播种机。

总之，犁的发明、应用和发展，凝聚了中国人和世界其他各位发明家的心血，并显现了他们的智慧。

灌溉的机械龙骨水车

龙骨水车亦称"翻车"、"踏车"、"水车",亦称"龙骨"。是我国古代最著名的农业灌溉机械之一。因其形状犹如龙骨,故名"龙骨水车"。

后世又有利用流水作动力的水转龙骨车,利用牛拉使齿轮转动的牛拉翻车。以及利用风力转动的风转翻车。广东等地用手摇的较轻便,用于田间水沟,称"手摇拔车"。

东汉末年的马钧在魏国做一个小官,经常住在京城洛阳。当时在洛阳城里,有一大块坡地非常适合种蔬菜,老百姓很想把这块土地开辟成菜园,可惜因无法引水浇地,一直空闲着。

马钧看到后,就下决

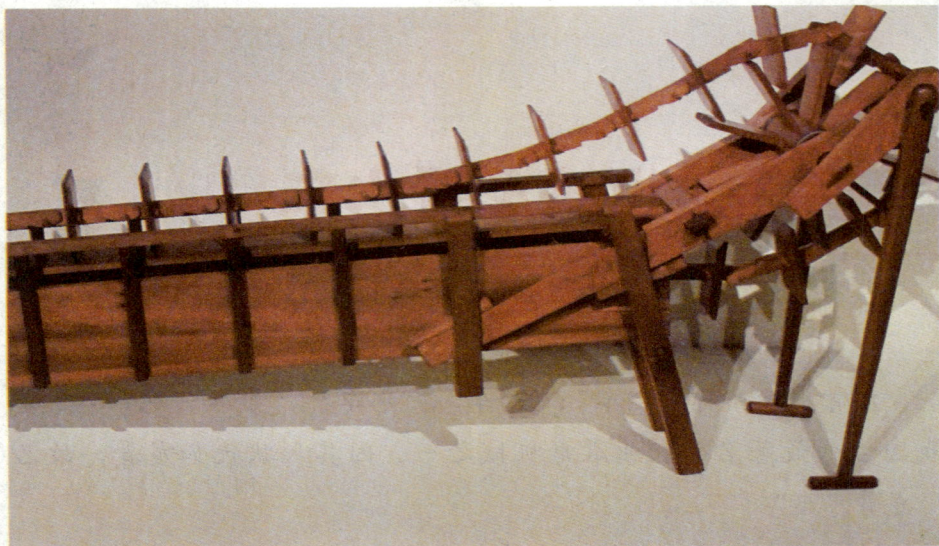

心要解决灌溉上的困难。于是，他就在机械上动脑筋。经过反复研究、试验，他终于创造出一种翻车，把河里的水引上了土坡，实现了老百姓的多年愿望。

人力龙骨水车是以人力做动力，多用脚踏，也有用手摇的。元代王祯《农书》和清代学者完颜麟庆的《河工器具图说》中关于龙骨车的叙述比较详细。

它的构造除压栏和列槛桩外，车身用木板作槽，长三四米，宽20厘米左右，高约三四十厘米，槽中架设行道板一条，和槽的宽窄一样，比槽板两端各短三四十厘米，用来安置大小轮轴。

在行道板的上下处，通周由一节一节的龙骨板叶用木销子连接起来，这很像龙的骨架一样，所以名叫"龙骨车"。

人力龙骨水车因为用人力，它的汲水量不够大，但是凡临水的地方都可以使用，可以两个人同踏或摇，也可以只一个人踏或摇，很方便，深受人们的欢迎，是应用很广的农业灌溉机械。

马钧的翻车，是当时世界上最先进的生产工具之一，从那时起，一直被我国乡村历代所沿用，发挥着巨大的作用。

元代王祯在他的《农书》上记载了水转龙骨水车的装置。

水车部分完全和以前的各种水车相同。它的动力机械装在水流湍急的河边，先树立一个大木架，大木架中央竖立一根转轴，轴上装有上、下两个大卧轮。下卧轮是水轮，在水轮上装有若干板叶，以便借水的冲击使水轮转动。

上卧轮是一个大齿轮，和水车上端轴上的竖齿轮相衔接。把水车装在河岸边挖的一条深沟里，流水冲击水轮转动，卧齿轮带动水车轴上的竖齿轮转动，也就带动水车转动，把水从河中深沟里车上岸来，流入田间，灌溉庄稼。

如果水源的地势比较高，可以做大的立式水轮，直接安装在水车的转轴上，带动水车转动，这样可以省去两个大齿轮。

水转龙骨水车是元代机械制造方面的一个巨大的进步，也是

利用自然力造福人类的一项重大成就。

由于龙骨水车结构合理，可靠实用，所以能一代代流传下来。直到近代，龙骨水车作为灌溉机具现在已被电动水泵取代了，然而这种水车链轮传动、翻板提升的工作原理，却有着不朽的生命力。

马钧的翻车主要是利用人力转动轮轴灌水，后来由于轮轴的发展和机械制造技术的进步，在此基础上发明了以畜力、风力和水力作为动力的龙骨水车，并且在全国各地广泛使用。

元末明初时，萧山曾出现过一位奇人，他就是发明牛转龙骨水车，得到明太祖嘉许的单俊良。

单俊良年幼时，有一天，他正在唐家桥畔钓鱼，忽见一老翁向他走来，便起身道安。礼毕，继续垂钓。

老翁望着这位懂礼节的孩子，不住地颔首微笑说："孺子可教也，望能造福乡里。"并从怀中取出一书，交给了他。未等单俊良道谢，老翁便隐去。

单俊良手捧宝书，爱不释手，哪里还有心思钓鱼，便收拾钓具回家。此后，他

整天埋头苦读，学识日渐长进。

明初，由于农业生产的需要，已从戽水灌田发展到普遍使用脚踏或手牵龙骨水车引水灌田。但是，劳作极为辛苦，而且灌溉效率也不高。每遇天旱，更不能救急。

单俊良从山区居民引溪水冲击水碓大木轮转动石杵、舂米打料受到启发，试制一种用畜力替代人力的水车，来减轻农民的劳动强度。经过反复试验，不断琢磨，终于发明了牛转水车。

这种水车，运用齿轮变速的原理，由牛拉动木制转盘，通过大齿轮，把动力传到装在水车头上的小齿轮上，大齿轮转一圈，小齿轮就可转上数圈，紧扣小齿轮的龙骨车板就把河水连续戽上来。

这一新型灌溉农具的使用，是我国农具史上的一次革新，不仅大大减轻了江南农民的劳动强度，也提高了灌溉效率。

　　不久，地方政府将这种牛转龙骨水车绘成图纸，送给朝廷。明太祖看到后称赞不已，专下诏书，加以推广。这样，牛转龙骨水车很快在江南农村推广普及。

延 伸 阅 读

　　水车是我国最古老的农业灌溉工具，是先人们在征服世界的过程中创造出来的高超劳动技艺，是珍贵的历史文化遗产。

　　汉代造出水车后，三国时孔明曾经把它改造和完善，然后在蜀国推广使用，被称为"孔明车"。这一灌溉农具灌溉了大片蜀国的农田，为当时经济的发展起到了至关重要的作用。

　　随着农业机械化、现代化的发展，"孔明车"已近绝迹。但在人类文明的历史长河中，"孔明车"毕竟创造过，奉献过，辉煌过。

粮加工工具水碓和水磨

谷物收获脱粒以后，要加工成米或面才能食用。我国古代在粮食加工方面发明了用水力做动力的水碓和水磨。

水碓是利用水力舂米的机械，水磨是一种古老的磨面粉工具。这些机械效率高，应用广，是农业机械方面的重要发明。

水碓作为千百年流传下来的古老机械加工方式，凝结了大自然的力量与先人的智慧，为古人加工粮食提供了便利。

西汉学者桓谭在他的《桓子新论》里，最早记载了水碓这种利用水力舂米的机械。

水碓的动力机械是一个大的立式水轮，轮上装有若干板叶，轮轴长短不一，看带动的碓的多少而定。

转轴上装有一些彼此错开的拨板，一个碓有4块拨板，4个碓就要16块拨板。拨板是用来拨动碓杆的。每个碓用柱子架起一根木杆，杆的一端装一块圆锥形石头。

下面的石臼里放上准备要加工的稻谷。流水冲击水轮使它转动，轴上的拨板就拨动碓杆的梢，使碓头一起一落地进行舂米。利用水碓，可以日夜加工。

凡在溪流江河的岸边都可以设置水碓。根据水势的高低大小，人们采取一些不同的措施。如果水势比较小，可以用木板挡水，使水从旁边流经水轮，这样可以加大水流的速度，增强冲击力。

水碓在西晋时期有了改进。西晋时期著名的政治家、军事家和学者杜预，总结了我国劳动人民利用水排原理加工粮食的经验，发明了连机碓。

带动碓的多少可以按水力的大小来定，水力大的地方可以多装几个，水力小的地方就少装几个。设置两个碓以上的叫作连机碓，常用的都是连机碓，一般都是4个碓。

杜预连机碓的构造大概是水轮的横轴穿着4根短横木，与轴成直角，旁边的架上装着4根舂谷物的碓梢，横轴上的短横木转动时，碰到碓梢的末端。

对它施压，另一头就翘起来，短横木转了过去，翘起的一头就落下来，4根短横木连续不断地打着相应的碓梢，一起一落地

春米。

入唐以后，水碓记载更多，其用途也逐渐推广。大凡需要捣碎之物，如药物、香料、乃至矿石、竹篾纸浆等，皆可用省力功大的水碓。继后不久，水磨又根据此原理被发明了。南北朝时期科学家祖冲之造水碓磨，可能是一个大水轮同时驱动水碓与水磨的机械。

磨，是把米、麦、豆等加工成面的机械。磨有用人力的、畜力的和水力的。春米工具由杵臼到脚踏碓到水力碓的进步，特别是多个齿轮连带转动的连磨的利用等，都较过去大大提高了效率。

我国在春秋时期就出现了简单的粉碎工具杵臼。杵臼进一步

演变为汉代脚踏碓。这些工具运用杠杆原理，具备了破碎机械的雏形，但粉碎动作是间歇的。

最早采用连续粉碎动作的破碎机械，是春秋末期由鲁班发明的畜力磨，这是一种效率很高的磨。

磨用两块有一定厚度的扁圆柱形的石头制成，这两块石头叫作磨扇。下扇中间装有一个短的立轴，上扇中间有一个相应的空套，两扇相合以后，上扇可以绕轴转动。

两扇相对的一面，留有一个空膛，叫磨膛，膛外周制成一起一伏的磨齿。

上扇有磨眼。磨面的时候，谷物通过磨眼流入磨膛，均匀地分布在四周，被磨成粉末，从夹缝中流到磨盘上，过罗筛去麸皮等就得到面粉。

用水力作为动力的磨，它的动力部分是一个卧式水轮，在立轴上安装上扇，流水冲动水轮带动磨转动。

随着机械制造技术的进步，后来人们发明一种构造比较复杂的水磨，一个水轮能带动几个磨同时转动，这种水磨叫作水转连机磨。

王祯《农书》上有关于水转连机磨的记载。这种水力加工机械的水轮又高又宽，是立轮，须用急流大水冲动水轮。轮轴很粗，长度要适中。在轴上相隔一定的距离，安装3个齿轮，每个齿轮和一个磨上的齿轮相衔接，中间的3个磨又和各自旁边的两个磨的木齿相接。

水轮转动通过齿轮带动中间的磨，中间的磨一转，又通过磨上的木齿带动旁边的磨。这样，一个水轮能带动9个磨同时工作。

上述这些粮食机械除用于谷物加工外，还扩展到其他物料的粉碎作业上。是我国古人智慧的结晶，也是人类文明史进步的标志。

延 伸 阅 读

先进农机具的发明和采用是我国古代农业发达的重要条件之一。《世本》说鲁班制作了石磨，《物原·器原》又说他制作了碓、磨、碾子，这些粮食加工机械在当时是很先进的。另外，《古史考》记载鲁班制作了铲。

鲁班除了发明粮食加工机械，还在木工工具、兵器、仿生机械、雕刻、土木建筑等方面有许多发明。当然，有些传说可能与史实有出入，但却歌颂了我国古代工匠的聪明才智。鲁班被视为技艺高超的工匠的化身，更被土木工匠尊为祖师。

辉煌的古代农田水利工程

我国农田水利建设，历史十分悠久，从夏禹治水算起，至今已有4000年了。在漫长的历史发展过程中，我国农田水利建设取得了举世瞩目的成就。

由于我国的地势复杂，各地所要解决的水利问题有所不同，因而在我国的农田水利建设中，出现了多种多样的水利工程。

如渠系工程、陂塘工程、塘泊工程等。它们在农田灌溉上发挥了重要的历史性作用。

传说在原始社会末期的尧舜时期，我国黄河流域发生了一次大洪水。当时滔滔洪水，浩浩荡荡，包围了高山，吞没了田园，九州大地汪洋一片。

面对滔滔洪水，禹一面带头参加治河劳动，艰苦地劳动，一面进行调查和测量。在

这个基础上，他总结了前人治水失败的教训，将治水的重点放在疏导方面。

禹根据水流运动的规律，因势利导，开通河川，将洪水排入河川，引入大海。

在禹的领导下，经过13年左右的努力，人们终于战胜了洪水的危害，平息了水患。

这13年，禹三过家门而不入，没有因为恋家而忘了治水，表现了他公而忘私，一心治水，为民除害的高大形象。

夏禹治水，是我国人民大规模进行水利建设的开端，它是古代人民与大自然顽强搏斗的象征。因此，后世的人们更加注重水资源的利用，建设了许多农田水利工程。诸如渠系工程、陂塘蓄水工程、陂渠串联、圩田工程、堤垸工程、淀泊工程、海塘工程等。

渠系工程主要应用于平原地区，水利多以蓄、灌为主。早在战国时期，这种工程已经出现，以后一直沿用，这是我国农田水利建设中运用最普遍的一种工程。

渠系工程最著名的有关中的郑国渠和白渠、临漳的漳水十二渠、四川都江堰、北京戾陵堰、宁夏艾山渠、河套引黄灌溉、内蒙古灌区、宁夏灌区等。相对来说，其中的郑国渠和白渠、四川都江堰灌溉工程的影响更为深远。

郑国渠兴建于公元前246年，由韩国水工郑国主持兴建。

郑国渠西引泾水，东注洛水，干渠全长约150千米，灌溉面积扩大到二三十万公顷。由于郑国渠引用的泾水挟带有大量淤泥，用它进行灌溉又起到淤灌压碱和培肥土壤的作用，使这一带的

"泽卤之地"又得到了改良，关中因而成为沃野。

后来"秦以富强，卒并诸侯"。在秦统一六国中，郑国渠起了重要作用。

白渠为汉武帝时修建，位于郑国渠之南，走向与郑国渠大体平行。

白渠西引泾水，东注渭水，全长约100千米，灌溉面积三万多公顷。此后人们将它与郑国渠合称为郑白渠，可见郑白渠的修建，对关中平原的农业生产和经济的发展起了重要作用。

除此之外，在关中平原上修的灌渠，还有辅助郑国渠灌溉的六辅渠，其中引洛水灌溉的龙首渠，在施工方法上又有重大的创新。

龙首渠在施工中要经过商颜山，由于山高土松，挖明渠要深达一百多米，很容易发生塌方，因此改明渠为暗渠。

先在地面打竖井，到一定深度后，再在地下挖渠道，相隔一定距离凿一眼井，使井下渠道相通。这样，既防止了塌方，又增加了工作面，加快了进度。

这是我国水工技术上的一个重大创造，后来这一方法传入新疆便发展成了当地的独特灌溉形式坎儿井。

四川都江堰古称"湔堋"、"湔堰"、"金堤"、"都安大堰"，到宋代才称都江堰。

都江堰位于岷江中游灌县境内，岷江从上游高山峡谷进入平原，流速减慢，挟带的大量沙石，随即沉积下来，淤塞河道，时常泛滥成灾。

秦昭王后期，派李冰为蜀守，李冰是我国古代著名的水利专家。他到任以后，就主持修建了这项有名的都江堰水利工程。工程主要由分水鱼嘴、宝瓶口和飞沙堰组成，分水鱼嘴是在岷江中修筑的分水堰，把岷江一分为二。

外江为岷江主流，内江供灌渠用水。宝瓶口是控制内江流量

的咽喉，其左为玉垒山，右为离堆，此处岩石坚硬，开凿困难。

为了开凿宝瓶口，当时人们采用火烧岩石，再泼冷水或醋，使岩石在热胀冷缩中破裂的办法，将它开挖出来。

飞沙堰修在鱼嘴和宝瓶口之间，起溢洪和排沙卵石的作用。洪水时，内江过量的水从堰顶溢入外江。同时把挟带的大量河卵石排到外江，减少了灌溉渠道的淤积。

由于都江堰位于扇形的成都冲积平原的最高点，所以自流灌溉的面积很大，取得了溉田万顷的效果。成都平原从此变成了"水旱从人，不知饥馑"的"天府之国"。

都江堰不仅设计合理，而且还有一套合理的管理养护制度，提出了"深淘滩，低作堰"的养护维修办法。在技术上还发明了竹笼法、杩槎法，在截流上具有就地取材灵活机动易于维修的优点。

这项水利工程一直在发挥其良好的效益。这充分体现了我国古代劳动人民的聪明才智。

陂塘蓄水工程一般都在丘陵山区，工程的主要目的是蓄水以备灌溉，同时也起着分洪防洪的作用。历史上著名的陂塘蓄水工程有安徽省寿县的芍陂和浙江省绍兴鉴湖。

安徽寿县的芍陂建于春秋时期，是我国最早最大的一项陂塘蓄水工程，为楚国令尹孙叔敖所建。

芍陂是利用这一地区，东、南、西三面高，北面低的地势，以沘水与肥水为水源，而形成的一座人工蓄水库，库有5个水门，以便蓄积和灌溉。

全陂周围60千米，到晋时仍灌溉良田几万公顷，它在当时对灌溉防洪航运等都起了重要的作用。现在安徽的安丰塘，就是芍陂淤缩后的遗迹。

绍兴鉴湖又称镜湖，位于浙江省绍兴县境内。东汉时会稽太守马臻主持修筑。

绍兴在鉴湖未建成以前，北面常受钱塘大潮倒灌，南面也因山水排泄不畅而潴成无数湖泊。每逢山水盛发或潮汐大涨，这里常为一片汪洋。

马臻的措施是在分散的湖泊下缘，修了一条长155千米

的长堤，将众多的山水拦蓄起来，形成一个蓄水湖泊，即鉴湖。这样一来，就消除了洪水对这一带的威胁。

由于鉴湖高于农田，而农田又高于海面，这就为灌溉和排水提供了有利的条件。农田需水时，就泄湖灌田，雨水多时，就关闭水门，将农田水排入海中。

鉴湖的建成，为这一地区解除积涝和海水倒灌为患创造了条件，并使农田得到了灌溉的保证。鉴湖因此成了长江以南最古老的一个陂塘蓄水灌溉工程。

陂渠串联，也叫长藤结瓜，它是流行于淮河流域的一种水利工程。这种工程，就是利用渠道将大大小小的陂塘串联起来，把分散的陂塘水源集中起来统一使用，用来提高灌溉的效率。

战国末年湖北襄阳地区建成的白起渠，是秦将白起以水代

兵、水淹楚国鄢城的战渠。它可以说是最早的陂渠串防工程。该工程壅遏湍水，上设3水门，后又扩建3石门，合为6门，故称为六门堨。

六门堨的上游有楚堨，下游有安众港、邓氏陂等。六门堨是一个典型的长藤结瓜型的水利工程。该工程灌溉穰、新野、昆阳三县三万多公顷农田，是当时一个具有相当规模的大灌区。

圩田是一种土地利用方式，也是一种水利工程的形式，主要是在低洼地区，建造堤岸，阻拦外水，修建良田。

这种水利工程，在太湖地区称为圩田，在洞庭湖地区称为堤垸，在珠江三角洲称为堤围，也称基围。名称不同，实际上都是同一类型的工程。

太湖圩田建设鼎盛时期是在五代的吴越时期。吴越王钱镠对

于太湖地区的农田水利进行大力修建、改造，经过80多年的努力，使太湖地区变成了一个低田不怕涝，高田不怕旱，旱涝保丰收的富饶地区。这充分反映了吴越时期，太湖地区的水利建设所取得的重大成就。

延 伸 阅 读

战国时魏国的邺地，即今河北临漳县一带，常受漳水之灾。当地的恶势力，借此大搞"河伯娶妇"的骗局，残害人民，骗取钱财。

魏文侯时派西门豹到邺地任地方官。西门豹到任后，一举揭穿了"河伯娶妇"的骗局，狠狠地打击了地方恶势力，并领导群众治理洪水，修建了漳水十二渠。

漳水十二渠修成后，不仅使当地免除了水害之灾，使土地得到了灌溉，而且利用了漳水中的淤泥，改良了两岸的大量盐碱地，促进了农业生产的发展。

特色鲜明的坎儿井工程

　　坎儿井是荒漠地区一种特殊灌溉系统，遍布于新疆吐鲁番地区。坎儿井与万里长城、京杭大运河并称为我国古代三大工程。

　　坎儿井是针对新疆自然特点，利用地下水进行灌溉的一种特殊形式，鲜明体现了我国古代劳动人民的聪明和智慧。坎儿井孕育了吐鲁番各族人民，使沙漠变成了绿洲，对发展当地农业生产具有重要的意义。

　　坎儿井在汉代已经在新疆出现。《汉书·西域传下》载，汉宣帝时，遣破羌将军辛武贤率兵至敦煌靖边，"穿卑鞮侯井以西"，这是试图通过开凿坎儿井的方式引出地下水，在地

面形成运河。

"卑鞮侯井"的泉水水源、井渠结合的工程形式，显然就是我们今天所说的坎儿井。

新疆坎儿井的大发展是在清代，据《新疆图志》记载，十七八世纪时，北疆的巴里坤、济木萨、乌鲁木齐、玛纳斯、景化乌苏，南疆的哈密、鄯善、吐鲁番、于阗、和田、莎车、疏附、英吉沙尔、皮山等地，都有坎儿井。

最长的哈拉马斯曼渠，长75千米，能灌田1100多公顷。清末，仅吐鲁番一地就有坎儿井185处。利用坎儿井进行灌溉，对新疆农业生产的发展起过重要的作用。

清代道光年间，林则徐赴新疆兴办水利，他在吐鲁番见到坎儿井后，说："此处田土膏腴，岁产木棉无算，皆卡井水利为之也。"

总的说来，坎儿井的构造原理是：在高山雪水潜流处，寻其水源，在一定间隔打一眼深浅不等的竖井，然后再依地势高下在井底修通暗渠，沟通各井，引水下流。地下渠道的出水口与地面渠道相连接，把地下水引至地面灌溉桑田。

坎儿井是一种结构巧妙的特殊灌溉系统，它由竖井、暗渠、明渠和涝坝4部分组成。

竖井是开挖或清理坎儿井暗渠时运送地下泥沙或淤泥的通道，也是送气通风口。井深因地势和地下水位高低不同而有深有浅，一般是越靠近源头竖井就越深，最深的竖井可达90米以上。

竖井与竖井之间的距离，随坎儿井的长度而有所不同，一般每隔20米至70米就有一口竖井。一条坎儿井，竖井少则10多个，多则上百个。井口一般呈长方形或圆形，长1米，宽0.7米。戈壁滩上的一堆一堆的圆土包，就是坎儿井的竖井口。

暗渠，又称地下渠道，是坎儿井的主体。暗渠的作用是把地下含水层中的水聚到它的身上来，一般是按一定的坡度由低往高处挖，这样，水就可以自动地流出地表来。

暗渠一般高1.7米，宽1.2米，短的100米至200米，最长的长达25千米，暗渠全部是在地下挖掘，因此掏挖工程十分艰巨。

汉代开挖暗渠时，为尽量减少弯曲、确定方向，吐鲁番的先民们创造了木棍定向法。即相邻两个竖井的正中间，在井口之上，各悬挂一条井绳，井绳上绑上一头削尖的横木棍，两个棍尖相向而指的方向，就是两个竖井之间最短的直线。

然后再按相同方法在竖井下以木棍定向，地下的人按木棍所指的方向挖掘就可以了。

在掏挖暗渠时，吐鲁番人民还发明了油灯定向法。油灯定向是依据两点成线的原理，用两盏旁边带嘴的油灯确定暗渠挖掘的方位，并且能够保障暗渠的顶部与底部平行。

但是，油灯定位只能用于同一个作业点上，不同的作业点又怎样保持一致呢？挖掘暗渠时，在竖井的中线上挂上一盏油灯，掏挖者背对油灯，始终掏挖自己的影子，就可以不偏离方向，而渠深则以泉流能淹没筐沿为标准。

暗渠越深空间越窄，仅容一个人弯腰向前掏挖而行。由于吐鲁番的土质为坚硬的钙质黏性土，加之作业面又非常狭小。因此，要掏挖出一条25千米长的暗渠，不知要付出怎样的艰辛。

由此可见，总长5000千米的吐鲁番坎儿井被称为"地下长城"，真是当之无愧。

暗渠还有不少好处。由于吐鲁番高温干燥，蒸发量大，水在暗渠不易被蒸发，而且水流地底不容易被污染。经过暗渠流出的水，经过千层沙石自然过滤，最终形成天然矿泉水，富含众多矿物质及微量元素，当地居民数百年来一直饮用至今，不少人活到百岁以上。因此，吐鲁番素有我国"长寿之乡"的美名。

暗渠流出地面后，就成了明渠。顾名思义，明渠就是在地表上流的沟渠。

人们在一定地点修建了具有蓄水和调节水作用的蓄水池，这种大大小小的蓄水池，就称为涝坝。水大量蓄积在涝坝，哪里需要，就送到哪里。

坎儿井在吐鲁番盆地大量兴建的原因，是和当地的自然地理条件分不开的。

吐鲁番是我国极端干旱地区之一，年降水量只有16毫米，而蒸发量可达到3000毫米，可称得上是我国的"干极"。但坎儿井是在地下暗渠输水，不受季节、风沙影响，蒸发量小，流量稳定，可以常年自流灌溉。

吐鲁番虽然酷热少雨，但盆地北有博格达山，西有喀拉乌成山，每当夏季大量融雪和雨水流向盆地，渗入戈壁，汇成潜流，为坎儿井提供了丰富的地下水源。

吐鲁番盆地北部的博格达峰高达5445米，而盆地中心的艾丁湖，却低于海平面154米，从天山脚下到艾丁湖畔，水平距离仅60千米，

高差竟有1400多米，地面坡度平均约1／40，地下水的坡降与地面坡变相差不大，这就为开挖坎儿井提供了有利的地形条件。

吐鲁番土质为沙砾和黏土胶结，质地坚实，井壁及暗渠不易坍塌，这又为大量开挖坎儿井提供了良好的地质条件。

坎儿井的清泉浇灌滋润吐鲁番的大地，使"火洲"戈壁变成绿洲良田，生产出驰名中外的葡萄、瓜果和粮食、棉花、油料等。

现在，尽管吐鲁番已新修了大渠、水库，但是，坎儿井在后来的建设中一直发挥着"生命之泉"的特殊作用。

延 伸 阅 读

林则徐是民族英雄，也是当时有名的水利专家，曾领命钦差大臣前往新疆南部履勘垦务，行程万里，足迹遍及新疆的北部、南部和东部。

在他的推动下，吐鲁番、鄯善、托克逊新挖坎儿井300多条。鄯善七克台乡现有60多条坎儿井，据考证多数是林则徐来吐鲁番后新开挖的。

像林则徐那样亲自与百姓一起兴修水利、开垦荒地的事，当时是十分罕见的。为了纪念林则徐推广坎儿井的功劳，当地群众把坎儿井称之为"林公井"，以表达对林则徐的崇敬仰慕之情。

改造山地的杰作古梯田

梯田是沿山体的等高线开垦的耕田。我国是世界上最早开发梯田的国家之一。古梯田是古代农耕文明的活化石,是我国水土保持系统工程的范例。

经过历代开垦和维护,现在留下的比较著名的古梯田有:江西省上堡梯田、云南省红河哈尼梯田、湖南省紫鹊界梯田和广西壮族自治区龙脊梯田。它们是古代先民农耕经验的杰作。

上堡梯田位于江西省赣州市崇义县西部齐云山自然保护区内的上堡景区,有近千公顷高山梯田群落。关于上堡梯田,当地民间有个美丽的传说。

不知何年何月,有天傍晚有两个疯癫客人路过

南安府西北的一个茅棚野店。店里有一个妇人专给客人提供喝水、吃饭、住宿之便。

这两个疯癫客，先喝了100碗茶，将碗叠在一起。又吃了100碗饭，也将碗叠在一起。再回看那妇人，妇人不嫌他俩喝多了吃多了，还是笑嘻嘻的。

疯癫客很感激，问店妇："这个地方叫什么名？"

店妇长叹说："叫上堡，是石山荒岭无田无土的穷地方。"

疯客把茶碗、饭碗拢在一起，捂着肚子说："不妨，一层山一层田，吃得上堡人成神仙。"

店妇知道这两人有些来历，忙又说："光有山有田没有水也活不了命呀！"

那个癫客试探着问："要有一碗酒糟就好了。"

店妇果然端出一碗满满的甜酒糟来。癫客提起水壶就往酒糟上筛，一边筛一边说："上堡、上堡，高山岽上水森森。"

　　第二天店妇请疯癫客起床，两客人却不见了踪影。走出门外一看，远远近近的山坡上全是一层一叠的水田，像上楼的梯子。以后人们就叫它"梯田"。

　　梯田是在坡地上分段沿等高线建造的阶梯式农田。按田面坡度不同而有水平梯田、坡式梯田等。

　　其实，黄土高原现在的许多坡田的历史应上溯至先秦时期。先秦时期，我国北方就有治山活动，并孕育了"坡式梯田"。

　　据史籍记载，《诗经·小雅·白华》中说："彪池北流，浸彼稻田。"战国时期楚国辞赋作家宋玉《高唐赋》说："长风至而波起兮，若丽山之孤亩。"其中的"稻田"和"孤亩"之类水平田，则是水平梯田的原始雏形。

　　西汉农学家氾胜之在《氾胜之书》中提到，种稻要各畦之间必有高差，以利水流动交换，这其实就是水平梯田。

　　此外，汉代还有一些梯田综合利用的记载。而重庆彭水县出土的陶田雕塑则表明，东汉时我国梯田修筑已非常完善。

隋唐时期，是我国梯田大发展时期，典籍中对梯田及其经营的描述大量增加。唐末诗人崔道融在《田上》中描写了梯田耕作情形；唐代文学家刘禹锡《机汲井》则表明当时先进的高转筒车已在梯田经营中发挥着重要作用。

宋代是我国古代梯田发展史上的黄金时期，这一时期，随着经济重心南移，梯田在江南得到开发。

比如：福建"垦山陇为田，层起如阶级"；四川"于山陇起伏间为防，潴雨水，用植梗糯稻，谓之噌田，田俗号'雷鸣田'"。

与此同时，梯田一词也正式出现于文献当中。北宋诗人范成大《骖鸾录》对袁州仰山，即今江西省宜春梯田的描写：

出庙三十里至仰山，缘山腹乔松之磴甚危，岭阪上皆禾田，层层而上至顶，名梯田。

宋代梯田大规模开发与科技推广有关。此时许多先进农机具得到了普遍推广，如龙骨水车、翻车和筒车等。另外，人口增加、南北分治、战乱频繁、赋税繁重也是江南梯田得到大量开发的重要原因。

元明清时期，是古代梯田的成熟时期，其主要标志，一是出现较系统的梯田理论论述，二是梯田开发范围进一步扩大。

关于梯田修筑技术，元代著名农学家王祯在《农书》中有详细的描绘，其要点是：先依山的坡度"裁作重蹬"，修成阶梯状的田块；再"叠石相次包土成田"，修成石梯阶，包围田土，以防水土流失；如果上有水源，便可自流灌溉，种植水稻，若无水源，也可种粟麦。

这是对古代梯田开发经验进行的总结，在指导梯田开发上起了积极作用。这些梯田修筑技术，说明时至元代，我国修建梯田，利用山地已积累了相当丰富的经验。

由于梯田既能利用山地，又能防止水土流失，所以一直是我国利用山地的一种主要方法。经过历代开发，我国梯田进一步发展，出现了美丽的古梯田。如云南省红河哈尼梯田、湖南省紫鹊界梯田和广西壮族自治区龙脊梯田。

云南省红河哈尼梯田，也称元阳梯田，位于云南省元阳县的哀牢山南部，是哈尼族人世世代代留下的杰作。

元阳哈尼族开垦的梯田随山势地形变化，因地制宜，坡缓地大则开垦大田，坡陡地小则开垦小田，甚至沟边坎下石隙也开田，因而梯田大者有数亩，小者仅有簸箕大，往往一坡就有成千上万亩。

哈尼族以数十代人毕生心力，垦殖了成千上万梯田，将沟水分渠引入田中进行灌溉，因山水四季长流，梯田中可长年饱水，保证了稻谷的发育生长和丰收。

湖南省紫鹊界梯田位于湖南省娄底市新化县西部山区，它周边的梯田达1300公顷以上，其地势之高，规模之大，形态之美，堪称世界之最。

紫鹊界梯田起源于秦汉，盛于唐宋，至今已有2000余年的历史，是当今世界开垦最早的梯田之一。

紫鹊界梯田的形成，发源于人，得益于水。这里的地下水，属于基岩裂隙孔隙水类型，哪里有基岩裂隙，水就从哪里冒出来，而且越是山高，水越多。所谓"高山有好水"，在这里完全得到了印证。

广西壮族自治区龙脊梯田始建于元代，完工于清初。分布在海拔300至1100米之间，坡度大多在26至35度之间，最大坡度达50度。从山脚盘绕到山顶，小山如螺，大山似塔，层层叠叠，高低错落。

从流水湍急的河谷，到白云缭绕的山巅，凡有泥土的地方，都开辟了梯田。垂直高度达二三公里，横向伸延二三公里，那起伏的、高耸入云的山，蜿蜒的如同一级级登上蓝天的天梯，像天与地之间一幅幅巨大的抽象画。

春来，水满田畴，串串"珠链"从山头直挂山麓；夏至，佳禾吐翠，排排绿浪从天而泻入人间；金秋，稻穗沉甸，座座金塔砌入天际；隆冬，雪兆丰年，环环白玉直冲云端。

有趣的是，在这浩瀚如海的梯田世界里，最大的不过0.07公顷，大多数是只能种一两行禾的碎田块。这种景象称得上是人间一大奇观。

延 伸 阅 读

据说在明代，龙脊梯田当地曾有一个苛刻的地主交代农夫说，一定要耕完206块田才能收工，可农夫工作了一整天，数来数去只有205块，无奈之下，他只好拾起放在地上的蓑衣准备回家，竟惊喜地发现，最后一块田就盖在蓑衣下面！因此有"蓑衣盖过田"的说法。

稻米的诱惑实在是太大了。当年第一批到达龙脊的壮族人和瑶族人面对着深山，无不咬紧牙关，依靠最原始的刀耕火种，开垦出第一块梯田。他们的子孙经过世代劳作，才有了现在的龙脊梯田。